SUOMEN ILMAVOIMIEN
MAALAUKSET JA MERKINNÄT

FINNISH AIR FORCE
CAMOUFLAGE AND MARKINGS

ENSIMMÄINEN PAINOS
FIRST PRINTING

TEKNINEN TOTEUTUS
PRODUCTION Marjukka Ojanperä

VÄRIPIIRROKSET
COLOUR PROFILES Klaus Niska
TUNNUSPIIRROKSET
EMBLEM DRAWINGS Esa Muikku

KUSTANTAJA
PUBLISHER APALI OY, SAMMONKATU 64,
33540 TAMPERE, FINLAND
PUH (03) 2552 499, FAX (03) 2552 899

ISBN 952-5026-05-1

PRINTED IN FINLAND BY
GUMMERUS KIRJAPAINO OY
JYVÄSKYLÄ 1996

SUOMEN ILMAVOIMIEN MAALAUKSET JA MERKINNÄT

FINNISH AIR FORCE CAMOUFLAGE AND MARKINGS

Kalevi Keskinen
Kari Stenman
Klaus Niska

ESIPUHE

Sotilaslentokoneiden maalauksia ja merkintöjä käsitteleviä teoksia on kuulunut jo vuosia eri maiden vähänkin itseään kunnioittavien ilmailukustantajien ohjelmistoon. Niin sanottujen suurvaltojen värejä ja tunnuksia on saanut ihailla monentyyppisissä julkaisuissa, kaikki ovat kuitenkin olleet aihepiirin valtavasta laajuudesta johtuen vain osa-alueita kattavia.

Erityisesti Yhdysvalloissa merkintöjen tutkimuksesta on tullut jo lähes tieteenhaara, kuvaavathan erilaiset tunnukset ja merkinnät aikakautensa tapoja ja odotuksia ja toisaalta kertovat, missä kulkee hallitussa järjestelmässä kielletyn ja sallitun raja.

Varsinaisesti lentokoneiden suoja-, maasto- tai naamiomaalauksen kehitys useimmissa maissa on vasta alustavasti selvitetty, itse organisaatioiden ulkopuolella. Selvästi on todettavissa, että perinteet ovat vaikuttaneet värien ja kaavioiden kehitykseen ja että tiettyjä trendejä on yleensä seurattu maailmanlaajuisesti.

Mielenkiinnolla huomataan, että useiden maiden yleisimmin käyttämät maastovärit ovat käytännössä lähes samoja, jopa identtisiä, aikakausista riippumatta. Lienee selvää asioiden tälläinen tila, sillä ei luonto sen kummemmin maassa kuin ilmassa ole 80 vuodessa tässä suhteessa muuttunut.

Tämä alansa ensimmäinen suomalainen julkaisu pyrkii kertomaan kattavasti sotilaskoneidemme eri aikakausien omat ja vieraat maalaukset sekä yksikkö- ja yksilömerkinnät. Pienistä ilmavoimistamme huolimatta aihepiiri yhden kirjan tekemiseen on liian laaja, nytkin on jouduttu vähentämään asioiden syvyyttä eli paljon mielenkiintoisia taustatietoja yksinkertaisesti jättämään pois esityksen yhtenäisyyden säilyttämiseksi.

Tekijät haluavat kiittää kaikkia niitä henkilöitä ja laitoksia, jotka ovat osallistuneet teoksen kokoamiseen. Materiaalin hankinnassa pohjan ovat luoneet Sota-arkiston asiakirjakokoelmat ja ilmavoimien esikunnan tiedotusosasto Kalevi Reimanin johdolla. Valokuvat olemme saaneet Ilmavoimien ja Pääesikunnan Kuvakeskuksista, Ilmailumuseoyhdistyksestä, Keski-Suomen Ilmailumuseosta, Sotamuseosta, Valmetilta ja seuraavilta yksityishenkilöiltä:

L. Bergman, A. Bremer, C-E. Bruun, R. Erjo, P. Ervi, R. Hakulinen, B. Hielm, J. Hyvönen, E. Jaakkola, E. Jauri, K. Joutseno, N. Jusu, E. Juurikas, K. Juurikas, E. Kivikero, V. Lakio, J. Laukkanen, E. Lyly, E. Lähde, H. Malmberg, O. Marttila, P. Massinen, E. Muikku, J. Nikula, K. Niska, A. Nissinen, A. Ojala, K. Partonen, M. Poutvaara, O. Riekki, K. Risku, E. Ritaranta, P. Saari, V. Salminen, V. Salo, J. Sarvanto, G. Sarto, M. Terävä, O. Toivanen, K. Tuomikoski, H. Valtonen ja M. Wikman.

Erityisen kiitoksen kohdistamme ilmavoimien "hovikuvaajaan" Jyrki Laukkaseen, joka antoi käyttöömme väridiakokoelmansa asianmukaisine taustatietoineen. Lisäksi kiitämme Börje Hielmiä, joka on alan uranuurtaja maassamme ja joka antoi sekä virikkeen että tukensa tämän teoksen syntyyn. Lopuksi, mutta ei vähiten kiitämme Kyösti Partosta, joka antoi käyttöömme keräämänsä materiaalin ilmavoimiemme maalauksista ja merkinnöistä.

Helsigissä 1.11.1996

Kalevi Keskinen
Kari Stenman
Klaus Niska

SISÄLTÖ - CONTENTS

Suomen ilmavoimien "ensimmäinen" lentokone Thulin typ D (Morane -Saulnier type L) saavuttuaan Vaasassa 6.3.18. Kone on lakattua kangasta, vaneria ja nokka on vihreä. Siipien alapinnoilla on valkeat ympyrät, joissa on sininen hakaristi. Katso sivu 111 (Sotamuseo).

The "first" aircraft of the Finnish Air Force Thulin typ D (Morane-Saulnier type L) after arrival at Vaasa on 6 March 1918. The aircraft is clear doped linen 17855, veneer and the nose is green 24098. Wing lower surfaces have blue 35053 swastikas on white circles.

VARHAISET MAALAUKSET

ENSIMMÄISET KONEET

Ensimmäisessä maailmansodassa keisarillinen Saksa ja tsaarillinen Venäjä olivat vihollisia alusta pitäen. Lokakuussa 1917 bolshevikkien tekemä vallankumous Venäjällä johti ennen vuoden loppua maiden väliseen aselepoon ja 3. maaliskuuta 1918 Brest-Litovskin rauhaan. Tätä ennen saksalaiset olivat edenneet ilmansuunnallamme Viroon asti.

Suomi oli julistautunut itsenäiseksi 6. joulukuuta 1917 ja edessä oli vapaussota, jonka tuloksena Suomeen syntyivät ilmavoimat. Virallisesti Suomeen saapui ensimmäinen Valkoisen armeijan sotilaskone 6. maaliskuuta 1918, jolloin ruotsalaiset Nils Kindberg ja kreivi Eric von Rosen matkustajana lensivät jälkimmäisen lahjoittaman Thulin typ D (Morane-Saulnier type L Parasol) ylätason Uumajasta Vaasaan. Kone sai kirjanpidollisen merkinnän F 1. Tosin ajallisesti SW 20 (Albatros B.II) saapui Kokkolaan 10 päivää aiemmin saaden sittemmin merkinnän F 2.

Ensimmäinen maailmasota päättyi 11. marraskuuta 1918 aselepoon ja Saksan sekä sen liittolaisten tappioon. Tähän mennessä koneita oli hankittu eri tavoilla (mm. lahjoituksina, ostamalla ja sotasaaliina) Ruotsista, Saksasta ja Venäjältä yhteensä nelisenkymmentä kappaletta.

Tältä ajanjaksolta on maassamme säilynyt vain hajatietoa ja hyvin vähän perinnemateriaalia koskien lentokoneiden maalausta. Tästä johtuen monen yksittäisen koneen värimääritys on mahdotonta tehdä, vaikka tehtävää tukevia valokuvia onkin paikoin runsaasti. Pyrkimyksenä jatkossa onkin ensisijaisesti keskittyä niihin konetyyppeihin, joiden edustajia oli runsaasti käytössä.

Onneksi molempien Thulin typ D:n osia on tallella, joten tästä meille historiallisesti tärkeästä konetyypistä tiedetään väritys. Pellavakankaalla verhoiltu kone oli lakattu ja yleisesti käytetyn amerikkalaisen virallisen Federal Standards 595a värikartan mukaan pintojen sävyn määrite on (17855). Koneen nokka oli vihreä (24098).

Sarjan ensimmäinen numero esittää värin kiiltoasteen siten, että 1 = kiiltävä, 2 = puolikiiltävä ja 3 = himmeä. Toinen numero ilmoittaa, mihin väriluokkaan mainittu sävy sijoittuu: 0 = ruskea, 1 = punainen, 2 = oranssi, 3 = keltainen, 4 = vihreä, 5 = sininen, 6 = harmaa, 7 = muu ja 8 = hohkaväri. Kolme viimeistä numeroa ovat varsinainen sävymäärite, pääsääntöisesti siten, että mitä suurempi luku, sen vaaleampi sävy.

Tässä yhteydessä on hyvä muistaa kaksi väreihin liittyvää tärkeää seikkaa. Ensinnä ihmisen värimuisti on melko vaatimaton, esimerkiksi vihreitten ja ruskeitten sävyjen tarkka määritys muistinvaraisesti on mahdotonta, mutta vastakkaisesti silmän värienerottelu- ja vertailukyky on loistava ja pienimmätkin sävyerot paljastuvat. Toiseksi nimellisesti samasta väristä otetut määritykset yleensä poikkeavat toisistaan. Se johtuu useammista seikoista, mm. maalien eri valmistussarjoista, mihin raaka-aineet (pigmentit) vaikuttavat sekä näytevärin säilytysolosuhteista, jossa mm. valolla ja ajalla on huomattava merkitys.

Tässä teoksessa esitetyt värimääritykset eivät ole millään lailla absoluuttisia, vaan ilmoittavat lähinnä jonkinlaisen keskiarvon, joka ainakin värimuistin osalta on riittävä ja silmän erottelukyky huomioiden antaa lähimmän FS 595a standardin värinumeron.

Sotasaaliiksi saatujen venäläisten Stetinin M-9 lentoveneiden tiedetään yleisesti olleen yläpuolelta keskiharmaita ja alapuolelta valkeita, vaalean harmaita tai vaalean sinisiä. Kirjallisia merkintöjä lukuunottamatta aineistoa ei ole kansainvälisestikään säilynyt tarkempaa värimääritysta varten.

Saksalaisten Friedrichshafen meritoimintakoneiden lentopintojen yläpuolet oli verhoiltu esipainetulla kankaalla, jossa oli kolmen värisiä 15 cm:n suuruisia kuusikulmioita sävyinä tummimmasta vaaleimpaan sininen (35164), vaalean sininen (35240) ja vaalean harmaa (36375), runko ja kellukkeet olivat päältä ja sivuilta vaalean harmaita (36375) sekä runko alta myös vaalean harmaa (36493) siipien alapintojen ollessa lakattua kangasta (37855).

Utin Lentoaseman NAB 9 (Albatros B.II) tiedustelukone S 54/18 tukikohdassaan 5.7.18. Siivet ovat lakattua kangasta ja runko tummempaa lakattua koivuvaneria. Nokan metallilevyt ovat harmaita (IMY).

Utti Air Station NAB 9 (Albatros B.II) scout S 54/18 in its base on 5 July 1918. The wings are doped linen 17855 and the fuselage darker lacquered birch plywood. The metal plates on the nose are grey.

(Ylhäällä) Ilm.P.:n Nieuport 11 kone 1.D.453. Santahaminassa kesällä 1921. Kone on metallipintaista moottorisuojusta lukuunottamatta maalattu ilmeisesti beigellä. (IMY). (Keskellä) Lappeenrannasta toiminut Nieuport 23 kone Karjalan rintamalla keväällä 1918 . Ilmeisesti koneen siivet ovat lakattua kangasta ja runko vaalean ruskeaa Marmantovin lakkaa. Kansallisuustunnus on maalattu kymmeneen paikkaan (Sotamuseo). (Alhaalla) Ilm.P.:n Nieuport 23 hävittäjä D.62/18 Santahaminassa 14.5.1920. Kone vaikuttaa maalatun beigen väriseksi (Sotamuseo).

(Top) Nieuport 11 coded 1.D.453 of Ilm.P. at Santahamina in summer 1921. With the exception of the natural metal cowling the plane is most certainly in overall beige 23448. (Centre) This Nieuport 23 was operating from Lappeenranta on the Karelian front in spring 1918. The wings are probably doped linen 17855 and the fuselage light brown Marmantov lacquer. The national insignia is painted on ten locations. (Bottom) Nieuport 23 fighter D.62/18 of Ilm.P. at Santahamina on 14 May 1920. The aircraft appears to be in overall beige 23448, except the natural metal cowling.

(Ylhäällä) Ilm.Os. 1:n Spad S.VII hävittäjä 1.D.445. starttaa Utista kesällä 1921. Perimätiedon mukaan kone olisi ollut kauttaaltaan tumman ruskea. (Ilmavoimat). (Keskellä) Ilm. Os. 2:n D.F.W. C.V tiedustelukone 2A.351 Utissa maaliskuussa 1920. Kone on ilmeisesti beigen värinen (Sotamuseo). (Alhaalla) Ilm.Os. 2:n Fokker D.VII (O.A.W.) hävittäjä 1C.357. Utin hallissa kesällä 1920. Kone on verhoiltu painetulla kankaalla, jossa on neljän värisiä 6-kulmioita. Tehtaan tyyppimerkintä ja valmistusnumero 8545/18 on keskellä runkoa (E. Juurikas).

(Top) Spad S.VII fighter 1.D.445. of Ilm. Os. 1 taking off at Utti in summer 1921. According to contemporary statements the plane was brown overall. (Centre) D.F.W. C.V scout 2A.351 of Ilm. Os. 1 at Utti in March 1920. Colour is probably beige 23448 overall. (Bottom) Fokker D.VII (O.A.W.) fighter 1C.357 of Ilm. Os. 2 in Utti hanger in summer 1920. The aircraft is wearing a printed 4-colour lozenge fabric. Factory marking and construction number 8545/18 is on the centre fuselage.

KOHTI STANDARDISOINTIA

Vuonna 1919 aloitettiin suurempien konemäärien hankinnat lähinnä Ranskan sodan jälkeisistä ylijäämävarastoista ja ensimmäisenä saapui heinäkuusta alkaen Breguet 14.A2 tiedustelu- ja pommituskoneita, yhteensä 30 kappaletta. Ensimmäisen erän koneissa oli tarkkaan noudatettu Ranskan ilmavoimien vakiovärityskaavio. Ylä- ja sivupinnoilla oli viisi väriä: musta (27038) - tumman ruskea (20140) - tumman vihreä (24088) - vaalean vihreä (24159) - beige (23448) alapuolen ollessa lakattua kangasta (17855). Peruskorjauksessa koneet maalattiin aluksi beigellä (23448) ja myöhemmin pääsääntöisesti päältä tumman vihreällä (34092) ja alta vaalean harmaan (36492) ja alumiinipronssin (17178) seoksella.

Vuonna 1920 Ranskasta koulukoneiksi hankitut Caudron G.3 ja kolme vuotta myöhemmin Caudron C.60 ja C.59 koneet oli maalattu kauttaaltaan edellä mainitulla beigellä (23448). Peruskorjauksessa jälkimmäiset tyypit maalattiin joko kauttaaltaan tumman vihreällä (34159) tai yläpuoli tällä vihreällä alapuolen ollessa vaalean harmaa (36628) moottoripellityksen jäädessä metallipintaiseksi.

Kesällä 1922 Ilmailutelakka & Varikko Santahaminassa alotti erilaisten naamiomaalausten kokeilun, josta hiljattain on lyödetty tarkkaa dokumentointia. Ainakin kaksi Breguet 14.A2:a (3 C.30), yksi Fokker D.VII (1.D.357.) ja viisi Hansaa (6, 4.E.9, 11, 14 ja 4.E.17) maalattiin neliväriseen sirpalekaavioon. Yläpuoli oli mustan ruskea (10032) - tumman sininen (35045) - tumman vihreä (24098) - vaalean sininen (35526) alapuolten ollessa jälkimmäisintä.

Alkuaikojen koulukonetarvetta täydentämään Ilmailutelakka rakensi, tai oikeammin korjasi Suomessa ensimmäiset lentokoneet, joissa oli täällä määritellyt värit. Ensimmäinen kuudesta lisenssillä kootusta Caudron G.3:sta valmistui syyskuussa 1922, koneiden yläpuoli oli tumman vihreä (34092) ja alapuoli vaalean sininen (35526).

Laajenevaa kotimaista lentokonetuotantoa varten hankittiin Saksasta Hansa Brandenburg W.33 vesikonetta varten valmistuslisenssi toukokuussa 1921. Ensimmäinen sadasta kahdestakymmenestä I.V.L. A.22 "Hansa" koneesta valmistui Ilmailuvoimien Lentokonetehtaalta Suomenlinnassa 15. lokakuuta 1922. Sarjan alkupään koneet olivat kauttaaltaan vaalean harmaita siipien yläpintojen ollessa tummempia, mutta seuraavana vuonna väritykskaavioksi tuli tumman harmaa (36173) yläpinnoille ja nokkaan, vaalean harmaa (25630) rungon sivuille alapuolen ollessa vaalean kellertävää (23697) lakattua kangasta. Moottorisuojus jätettiin yleensä metallipintaiseksi.

Ranskan ylijäämävarastoista hävittäjiksi vuonna 1923 ostetut 20 Gourdou-Leseurre GL 22 oli alkuperässä maalattu vihreällä (14257) alapuolten ollessa lakattua kangasta (17855) tai vaalean harmaita (16492) ja eturungon peltien metallipintaisia.

Koiviston Ilm.Os. 3:n lentohallin katon romahdettua 12.7.19, alle jäi kaksi Friedrichshafen FF 49C konetta, C.59/18 ja C.72-18, joiden siivissä on esipainettu 3-värinen kangas: sininen - vaalean sininen ja vaalean harmaa. Siipien alapuoli oli lakattua kangasta. Kyljet on täällä ylimaalattu jollain tummalla värillä (Ilmavoimat).

The hanger roof of Ilm. Os. 3 at Koivisto collapsed on 12 July 1919 leaving two Friedrichshafen FF 49C floatplanes under it. The wings of C.59/18 and C.72-18 are wearing a printed 3-colour hexagon fabric: blue 35164 - light blue 35240 - light grey 36375, lower surfaces are doped linen 37855, fuselage is locally overpainted with a darker colour.

(Ylhäällä) Stetinin M-9 tunnuksella C.65/18 kesällä 1919. Koneiden kerrotaan olleen päältä harmaita ja alta vaalean sinisiä tai vaalean harmaita tai jopa valkoisia (IMY). (Keskellä) Ilm.Os. 1:n Caudron G.3 kone 2A 495 Utissa kesällä 1921. Kone on beigen värinen. Siipituet ovat ruskeaksi lakattua puuta (E. Juurikas). (Alhaalla) Ilmailupataljoonan Rumpler 6B kone 5A1 Santahaminan laskusillalla 27.11.22. Tämän ajankohdan värityksestä ei ole säilynyt tietoja (Ilmavoimat).

(Top) Stetinin M-9 serialled C.65/18 in summer 1919. The flying boats are told to be grey on top sides and light blue, grey or white on bottom sides. (Centre) Caudron G.3 trainer 2A 495 of Ilm.Os. 1 at Utti in summer 1921. The machine is in beige 23448 overall scheme. The wing struts are brown lacquered wood. (Bottom) Rumpler 6B coded 5A1 on Santahamina ramp on 27 November 1922. The exact colours remain unknown.

(Ylhäällä) Ensimmäinen Breguet 14.A2 kone 2C.460 Ilmailupataljoonassa Santahaminassa talvella 1919/20. Päällä on 5-värinen vakiokaavio: musta - tumman ruskea - tumman vihreä - vaalean vihreä - beige, alapuoli on lakattua kangasta. Peräsimet olivat alkuun valkoisia (IMY). (Keskellä) Ilmailuosasto 1:n Breguet 2B.477 nokkanumerolla VI Sortavalassa talvella 1921/22 (Tekijän kokoelmat). (Alhaalla) Ilm.Os. 1:n Breguet 3A.7. nokkanumerolla VIII Kajaanissa huhtikuussa 1922. Koneissa on edellä mainittu väritys, katso sivu 113 (H. Valtonen).

(Top) The first Breguet 14.A2 plane 2C.460 of Ilm.P. at Santahamina in winter 1919/20. The aircraft has a 5-colour French pattern: black 27038 - dark brown 20140 - dark green 24088 - green 24159 - beige 23448 with clear doped linen 17855 lower surfaces. The rudders were white at the beginning. (Centre) Breguet 2B.477 of Ilm.Os. 1 at Sortavala in winter 1921/22, roman VI is on the nose. (Bottom) Breguet 3A7. of Ilm.Os. 1 at Kajaani in April 1922, nose number is VIII. Camouflage is as above, see also page 113.

(Ylhäällä ja keskellä) Breguet 14.A2 vesikone 3C. 30. maalattiin keväällä 1925 tehtaalla 4-väriseen sirpalekaavioon, jonka sävyt olivat: mustan ruskea - tumman sininen - tumman vihreä - vaalean sininen, alapuolet olivat jälkimmäistä väriä. Kellukkeet olivat mustan ruskeita (G. Sarto) (Alhaalla) Ilmailuosasto 1:n Breguet 3C30. Utissa kesällä 1923. Kone on maalattu kokonaan beigellä (IMY).

(Top and centre) Breguet 14.A2 floatplane 3C.30. was painted in spring 1925 at the factory in a 4-colour splinter pattern: black brown 10032 - dark blue 35045 - dark green 24098 - light blue 35526, with lowers sides the latter colour. The floats were black brown. (Bottom) Breguet 3C30. of Ilm.Os. 1 at Utti in summer 1923. The aircraft is having an overall beige 23448 finish.

(Ylhäällä) Ilmailukoulun I.V.L. A.22 Hansa 4.G.68 lennolla kesällä 1925. Koneen yläpuoli ja nokka olivat tumman harmaita, kyljet vaalean harmaita ja alapuoli vaalean kellertävää lakattua pellavakangasta. Moottoripellit jätettiin metallipintaisiksi. Musta vinkkeli rungossa oli ohjaajalaivueen tunnus (IMY). (Keskellä) Viipurin 1. Er.Me.L.L.:n Hansa IL-106 kesällä 1931. Väritys on sama kuin edellä. Peräsinten koristeraidat ovat mustia ja valkoisia (IMY). (Alhaalla) Turkinsaaren Merilentoeskaaderin Hansa IL-60 kesällä 1930. Takarungossa komeilee Suomen leijona -tunnus (Sotamuseo).

(Top) I.V.L. A.22 Hansa 4.G.68 of Ilm.K. seen in flight in summer 1925. The upper surfaces and nose were dark grey 36173, sides light grey 25630 and lower surfaces light yellowish lacquered linen 23697. Engine cover plates were left in natural metal. The black chevron on the fusealge was the marking of the pilot squadron. (Centre) Hansa IL-106 of 1. Er.Me.L.L. based at Viipuri in summer 1931. Colours same as above. The tail stripes are black and white. (Bottom) Hansa IL-60 of Me.L.E. based at Turkinsaari in summer 1930. The rear fuselage is adorned with the Finnish state lion emblem.

(Ylhäällä) Ilm.P.:n Hansa numero 2 Santahaminassa vuoden 1923 alussa. Tätä konetta kutsuttiin "riikinkukoksi", väreistä vaan ei ole tarkempaa tietoa (Sotamuseo). (Keskellä) Sortavalan Me.T.L. 2:n Hansa numero 14 sirpalemaalauksessa kesällä 1923. Ainakin neljä muuta konetta, numerot 6, 4.E.9, 11 ja 4.E.17 maalattiin samoin. Värit olivat samat kuin Breguetissä 3C.30. (Ilmavoimat). (Alhaalla) Meritiedustelulaivue 2:n Hansa 4.E.15 lennolla kesällä 1925. Tämä kone oli ilmeisesti se punaiseksi maalattu ja toinen Hansa 4.F.52 näin ollen se musta "varis" (Ilmavoimat).

(Top) Hansa number 2 of Ilm.P. at Santahamina in early 1923. This aircraft was called "peacock", only the colours remain a mystery. (Centre) Hansa number 14 of Me.T.L. 2 based at Sortavala seen in a splinter pattern in summer 1923. At least four other aircraft, numbers 6, 4.E.9, 11 and 4.E.17 were painted thus. The colours are the same as for Brequet 3S.30.. (Bottom) Hansa 4.E.15 of Me.T.L. 2 in the air in summer 1925. The aircraft was obviously the red one and the other Hansa 4.F.52 the black "crow".

HOPEINEN KAUSI

Englantilaisen kauden mukana Suomeen tuli lentokoneisiin hopeanvärinen alumiinipronssilla (17178) maalattu pinta, joka oli helppohoitoinen, kestävä ja kaunis. Lajin ensimmäinen edustaja oli Avro 504K (AV) koulukone, joka saapui maahamme toukokuussa 1926. AV tarkoittaa vuotta myöhemmin annettua konekohtaista kirjaintunnusta.

Vielä vuonna 1927 hankittiin Englannin ylijäämävarastoita 14 kappaletta maailmansodan aikaisia Martinsyde F.4 Buzzard (MA) hävittäjiä, joissa oli alkuperämaan alumiinipronssinen pinta. Peruskorjauksessa saivat yllämainitun pinnoitteen lähes kaikki muutkin aiemmat konetyypit, poikkeuksena näyttävät pysyneen vain Hansa (IL) meritoimintakoneet.

Kaikki uudet konetyypit, niin ulkolaiset kuin kotimaiset, toimitettiin myös pääsääntöisesti alumiinipronssilla kauttaaltaan maalattuna. Vuonna 1927 koekoneeksi Englannista ostettu Gloster Gamecock II (GA) hävittäjä sekä pari vuotta myöhemmin hankittu mallikone ja 15 koneen täällä lisenssillä rakennettu sarja olivat kauttaaltaan myös alumiinipronssin värisiä, mutta nokka ja rungon yläpuoli oli maalattu tumman vihreällä (34096) häikäisyn estämiseksi. Tämä englantilainen NIVO = Night Invisible Varnish, Orfordness sittemmin määritteli ilmavoimillemme tulevan vakioidun suojamaalin.

Koulukoneet olivat yleensä erilailla maalatut kuin nk. sotakoneet. Tätä linjaa jatkoi toukokuussa 1931 maahamme tulleet yhdeksän tsekkiläistä Letov S218 A Smolik (SM) tyyppistä konetta. Niissä oli alkuperän oranssinen (12215) maalaus kauttaaltaan, minkä myös lentokonetehdas toteutti lisenssivalmisteisissa koneissa.

(Ylhäällä) Maalentoeskaaderin Avro 504K kone AV-57 Utissa vuoden 1928 alussa. Koneen yleisväri oli alumiinipronssi (Ilmavoimat). (Alhaalla) Ilmailukoulun puhdas Martinsyde F.4 Buzzard kone MA-29 Kauhavalla neljännesvuositarkarkastuksessa 26.4.32. Kansallisuustunnus on poikkeuksellisesti sekä rungossa että peräsimessä (Ilmavoimat).

(Top) Avro 504K trainer AV-57 of M.L.E. at Utti in early 1928. The aircraft was in aluminium (silver) dope 17178 overall. (Bottom) The clean silver coloured Martinsyde F.4 Buzzard trainer MA-29 of Ilm.K. at Kauhava in the quarter year inspection on 26 April 1932. The national insignia is exceptionally both on the fuselage and rudder.

(Ylhäällä) Häv.E.:n Gourdou Leseurre GL-22 rivistö Santahaminan jäällä 25.3.27, edestä 8F.19, 8F.9, 8F.13, ... Koneet olivat päältä vihreitä ja alta vaalean harmaita tai lakattua kangasta nokan ollessa metallipintainen. Runkoraidoissa käytettiin ainakin mustaa, valkoista, sinistä ja punaista (Ilmavoimat). (Keskellä) M.L.E.:n Potez 25.A2 kone PO-40 Utissa kesällä 1928. Kone on kauttaaltaan alumiinipronssia ja nokka todennäköisesti musta (E. Juurikas). (Alla) Uttiin M.L.E.:n Martisyde rivistö Santahaminan jäällä maaliskuussa 1928. Hopeanväriset koneet ovat edestä MA-30, 36, 35, 25, ... (Ilmavoimat).

(Top) Gourdou-Leseurre GL-22 line-up of Häv.E. on Santahamina ice on 25 March 1927, from left 8F.19, 8F.9, 8F.13, ... The aircraft were green 14257 on top and light grey 16492 or doped linen on bottom with natural metal nose. At least black, white, blue and red colours were used in the fuselage stripes. (Centre) Potez 25.A2 coded PO-40 of M.L.E. at Utti in summer 1928. The aircraft is in overall aluminium dope and the nose probably black. (Bottom) Martinsyde line-up of M.L.E. based at Utti seen on Santahamina ice in March 1928. The silver coloured aircraft from left are MA-30, 36, 35, 25, ...

(Ylhäällä) Ilmailupataljoonan Caudron C.60 koulukone 1E.22. Santahaminassa 20.6.23. Koneen yleisväri on beige. Tehtaan logo on mustalla evässä (Ilmavoimat). (Keskellä) Ilm.K.:n Caudron C.59 tunnuksella 2E3. kellukekokeiluissa Santahaminassa 1920-luvun puolivälissä. Caudronit olivat alun beige kauden jälkeen päältä vihreitä ja alta vaalean harmaita (A. Ojala). (Alhaalla) Ilmailukoulun C.60 kone CA-73 Santahaminan jäällä maaliskuussa 1928. Värit ovat kuten edellä, nokassa olevat pellit on kiillotettu. Siiven alla on isot rekisterimerkit. (Ilmavoimat).

(Top) Caudron C.60 trainer 1E.22 of Ilm.P. at Santahamina on 20 June 1923. The general colour was beige 23448. The factory logo is in black on the fin. (Centre) Caudron C.59 coded 2E3 of Ilm.K. in float tests at Santahamina in mid-1920s. The Caudrons were first beige and then green 34159 on upper sides and light grey 36628 on lower sides. (Bottom) Caudron C.60 serialled CA-73 of Ilm.K. on Santahamina ice in march 1928. Colours as above, the metal plates on the nose are polished. Lower wing undersurfaces have the registration in large characters.

(Ylhäällä) M.L.E.:n Aero A-11 -laivue Utissa 10.10.27. Alumiinipronssilla maalatuissa koneissa rekisterimerkit olivat monen värisiä. Kuvassa on kaikki kahdeksan konetta tunnuksin AE-41 - 48 (Ilmavoimat). (Keskellä) 2. Erillisen Merilentolaivueen ensimmäinen De Havilland D.H. 60 Moth MO-99 Sortavalassa 3.4.29. Kone on maalattu kauttaaltaan alumiinipronssilla (Ilmavoimat). (Alhaalla) Yksi monista kokeilumaalauksista oli Lentoasema 4:n Blackburn Ripon IIF koneessa RI-143, tässä Turkinsaaren edustalla 12.8.35. (Ilmavoimat).

(Top) Aero A-11 squadron of M.L.E. at Utti on 10 October 1927. On the aluminium doped aircraft the serial numbers are in various colours. Depicted are all eight aircraft coded AE-41 - 48 inclusive. (Centre) The first De Havilland D.H. 60 Moth MO-99 of 2. Er.Me.L.L. at Sortavala on 3 April 1929. It is in overall aluminium dope 17178 finish. (Bottom) One of the several trial camouflages was applied to Blackburn Ripon IIF coded RI-143 of L.As. 4, seen here outside Turkinsaari on 12 August 1935.

Viipurin 1. Erillisen Merilentolaivueen Junkers W 34fa kellukekone JU-123 kesäkuussa 1933. Kone on maalattu alumiinipronssilla ja runko on alta musta, myös siiven kohdalta (Ilmavoimat). (Keskellä) Lentoasema 2:n Ripon RI-154 lennolla elokuussa 1936. Kone on kokonaan maalattu alumiinipronssilla (Ilmavoimat) (Alhaalla) Ilmasotakoulun Letov S 214 A Smolik alkeiskoulukone SM-135 Kauhavalla kesällä 1933. Kone on kokonaan oranssin värinen (Tekijän kokoelmat).

Junkers W 34fa floatplane JU-123 of 1. Er.Me.L.L. based at Viipuri in June 1933. The aircraft is finished all over with aluminium dope. The fuselage bottom, also at the wing, is black. (Centre) Ripon RI-154 of L.As. 2 seen in flight in August 1936. Overall scheme is aluminium. (Bottom) Letov S 214 A Smolik trainer SM-135 of ISK at Kauhava in summer 1933. The plane is in overall orange 12215 colour.

(Ylhäällä) Maalentoeskaaderin Gloster Gamecock II hävittäjä GA-38 Utissa kesällä 1927. Hopeanvärisen koneen nokka ja ja eturungon yläkate on maalattu oliivin vihreällä häikäisyn estämiseksi (Ilmavoimat). (Keskellä) Utin Lentoasema 1:n Gamecockissa GA-43 oli 3-värinen sirpalemainen kokeilumaalaus, kuvassa kone on kevyesti naamioituna 3.11.35 (Ilmavoimat). (Alhaalla) Ilmasotakoulun Gamecock GA-58 vuoden 1933 mallia olevassa vakiomaalauksessa. Kone on kuvattu Kauhavalla 21.11.38 (Ilmavoimat)

(Top) Gloster Gamecock II fighter GA-38 of M.L.E. at Utti in summer 1927. The silver coloured aircraft has olive green NIVO 34096 coloured nose and anti-glare panels. (Centre) Gamecock GA-43 of L.As. 1 based at Utti had a trial and unknown 3-colour splinter pattern, seen here under camouflage netting on 3 November 1935. (Bottom) Gamecock GA-58 of I.S.K. in the standard camouflage issued in 1933. Picture is taken at Kauhava on 21 November 1938.

SUOJAMAALAUKSEEN

Vuonna 1933 Valtion Lentokonetehdas sai kehitettäväkseen Tuisku (TU) harjoituskoneen ja se määrättiin maalattavaksi päältä oliivin vihreällä (34096) ja alta alumiinipronssilla (17178). Ensimmäinen prototyyppi valmistui marraskuussa 1933 ja tästä eteenpäin kaikki muut valmistuneet tai peruskorjatut tyypit, meritoiminta- ja koulukoneita lukuunottamatta, maalattiin tällä periaatteella. Kyseessä oli suojamaalaus, jolla kone pyrittiin sulauttamaan maastoon paremmin.

Arkistoista ei ole löytynyt tätä nimenomaista (eikä mitään aikaisempaakaan) määräystä, mutta valokuvat ja myöhemmät asiaan liittyvät käskyt ja ohjeet tukevat päätelmää.

Ulkomailta hankitut koneet maalattiin käyttäen lähintä sikäläistä vakiomaalia. Hollantilaiset Fokker C.V (FO), C.X (FK) ja D.XXI (FR) koneet olivat päältä tummanruskeita (20097) ja alta alumiinipronssia. Englannista tulleet Bristol Bulldog IVA (BU), Avro Anson I (AN) ja Bristol Blenheim I (BL) koneet taasen olivat yläpuolelta tumman vihreitä/Dark Green (34079) BU-koneiden alapuolten ollessa maalattu alumiinipronssilla ja AV- ja BL-koneiden alapinnat vaalean harmaalla/Sky Grey (36463).

Valtion Lentokonetehtaan vuosina 1938 - 39 lisenssillä valmistamat FK-maayhteistoimintakoneet ja FR-hävittäjät maalattiin päältä oliivin vihreällä (34096), josta käytettiin myös nimitystä kenttävihreä tai standardivihreä, sekä alta vaalean harmaalla (36440), joka käytännössä oli sama kuin edellä mainittu brittien vastaava sävy. Tästä vaalean harmaasta värin valmistaja Winter käytti nimeä hopeanharmaa, joka joskus aiheutti sekaannusta hopeanvärisen alumiinipronssin kanssa.

Lentokoneiden maalaukseen yleisesti liittyvä ensimmäinen tarkkaan dokumentoitu määräys annettiin 12. lokakuuta 1939. Siinä määrättiin kaikki uudet ja korjatut koulukoneet maalattavaksi Tuisku koneiden malliin ilmavoimissa käytetyillä suojaväreillä, eli yläpinnat standardivihreiksi ja alapinnat alumiinipronssiksi. Syynä oli toisen maailmansodan alettua koneiden saattaminen vähemmän näkyväksi.

Ilmasotakoulun VL Tuisku TU-171 Kauhavalla syyskuussa 1938. Useat koulun TU-koneet oli merkitty punaisilla ja valkeilla neliöillä. Vuonna 1933 määrättiin Tuiskun prototyyppi TU-149 maalattavaksi suojamaalaukseen: yläpuolet oliivin vihreällä ja alapuolet alumiinipronssilla. Käytäntö vakiintui koulukoneita lukuunottamatta koko lentokalustoon (A. Nissinen).

VL Tuisku TU-171 of I.S.K. at Kauhava in September 1938. Many TU-aircraft of the unit were marked with red and white squares. In 1933 the prototype of Tuisku, TU-149 was ordered to be painted in camouflage colours: top in olive green 34096 and bottom in aluminium dope 17178. This scheme became stardard to all aircraft except the primary trainers.

(Ylhäällä) Bristol Bulldog IVA kone BU-39 luovutettavana Suomeen joulukuussa 1934. Kone oli maalattu suomalaisia vastaavilla standardiväreillä, eli päältä tumman vihreällä ja alta alumiinipronssilla (Tekijän kokoelmat). (Keskellä) L.As. 5:n Fokker C.VE kone FO-69 Suur-Merijoella 16.7.35. Kone on maalattu Hollannissa päältä tumman ruskealla ja alta alumiinipronssilla. Nokkarengas on musta (Ilmavoimat). (Alhaalla) LLv 10:n Fokker C.X kone FK-85 lennolla 11.5.39. Tehdas maalasi koneet yläpuolelta oliivin vihreäksi ja alta vaalean harmaaksi (Ilmavoimat).

(Top) Bristol Bulldog IVA serialled BU-59 ready to go to Finland in December 1934. It was painted in equivalent British colours, upper sides Dark Green 34079 and lower sides aluminium dope. (Centre) Fokker C.VE scout FO-69 of L.As. 5 at Suur-Merijoki on 16 July 1935. The aircraft was painted in Holland dark brown 20097 on upper surfaces and aluminium dope on lower surfaces. The Townend ring is black. (Bottom) Finnish-built Fokker C.X serialled FK-85 of LLv 10 seen in the air on 11 May 1939. The factory painted the upper sides olive green 34096 and under sides light grey 36440.

(Ylhäällä) Lentolaivue 46:n Bristol Blenheim I pommittaja BL-120 Luonetjärvellä kesällä 1939. Kone on maalattu brittiläisittäin päältä tumman vihreällä ja alta vaalean harmaalla (Ilmavoimat). (Keskellä) L.As. 6:n Avro Anson I kone AN 102 Immolassa joulukuussa 1936. Kone on mallattu edellisen tapaan (Ilmavoimat) (Alhaalla) Erillisen Lentolaivueen Fieseler Fi 156 K-1 Storch yhteyskone ST-112 Malmilla kesäkuussa 1940. Kone oli ympäriinsä tumman vihreä (Tekijän kokoelmat).

(Top) Bristol Blenheim I bomber BL-120 of LLv 46 at Luonetjärvi in summer 1939. The aircraft was painted in respective British colours Dark Green 34079 on topside and Sky Grey 36463 on underside. (Centre) Avro Anson I trainer AN 102 of L.As. 6 at Immola in December 1936. The colour scheme was as above. (Bottom) Fieseler Fi 156 K-1 Storch ST-112 of ErLLv at Malmi in June 1940. The aircraft was in overall German dark green/Dunkelgrün 71, 34079 like the British dark green.

(Ylhäällä) Lentolaivue 24:n Fokker D.XXI hävittäjiä YH:n aikana Immolassa lokakuussa 1939. Tällöin koneisiin maalattiin lentueittain taktiset pyrstönumerot. Koneissa on myös himmennetyt kansallisuustunnukset. Edessä on FR-96 (J. Sarvanto). (Keskellä) LLv 10:n FK-kone Lappeenrannassa 26.10.39 myös himmennetyillä tunnuksilla (Ilmavoimat). (Alhaalla) Lentolaivue 36:n Ripon RI-153 Kallvikin rannassa 3.11.39. Hopeanväristä pintaa on naamioitu laihalla oliivin vihreällä maalilla (Ilmavoimat).

(Top) Fokker D.XXI fighters of LLv 24 during the general rehearsals at Immola in October 1939. Tactical tail numbers by flights were then introduced. The national insignia have been toned down. In front is FR-96. (Centre) Fokker C.X dive-bomber of LLv 10 at Lappeenranta on 26 October 1939, also with subdued insignia. (Bottom) Ripon RI-153 of LLv 36 at Kallvik on 3 November 1939. The aluminium doped surface has been camouflaged with thin olive green paint.

TALVISODAN KALUSTOKIRJAVUUS

Toisen maailmansodan ja erityisesti Talvisodan alettua viimeinen marraskuuta 1939 kuumeiset kalustohankinnat johtivat useanlaisten ja useanväristen konetyyppien saapumiseen maahamme runsaan neljän kuukauden aikana. Nämä ulkolaiset maalaukset olivat konetyyppien saapumisjärjestyksessä lyhyesti seuraavat.

FIAT G.50 (FA) hävittäjät olivat päältä maalattu kauttaaltaan ruskealla/Nocciola Chiaro (30219), jossa oli tumman vihreitä/Verde Oliva Scuro (34086) pieniä täpliä alapuolen ollessa vaalean harmaa/Grigio Azzurro (36280).

Ruotsalaisen vapaaehtoisyksikön F 19 Hawker Hart ja Gloster Gladiator I koneet oli maalattu yläpuolelta tumman vihreällä/Olivgrön 325 (34079) ja alta vaalean siniharmaalla/Blågrå 058 (36250). Yläpinnoille maalattiin epäsäännöllinen talvinaamiointi alumiinipronssilla.

Englannista saadut Gloster Gladiator II (GL) koneiden yläsiipien yläpuolet, rungon yläosa ja korkeusohjainten yläpuolet oli maalattu tumman vihreällä/Dark Green (34079) ja ruskealla/Dark Earth (30118). Alasiipien yläpuolet ja kyljen alaosa oli vaalean vihreätä/Light Green (34127) ja vaalean ruskeata/Light Earth (30257) yläsiiven varjon kompensoimiseksi. Vasemman puolen siivet olivat alta mustia/Night (37038) ja oikean puolen valkoisia/White (37778) muun alaosan ollessa alumiinipronssia/Aluminium (17178).

Ranskasta lahjoitetut Morane-Saulnier M.S. 406 koneet olivat päältä kolmivärisiä: tumman siniharmaa/Gris Bleu Fonce (36122) - tumman vihreä/Kaki (34096) - ruskea/Sienne Naturelle (30117) ja alta vaalean siniharmaita/Gris Bleu Clair (36231).

Englannista lennettiin kaksi erää BL-koneita. Pitkänokkaiset oli maalattu "suomalaisittain" kuten aiemmat Blenheimit, päältä tumman vihreitä (34079) ja alta vaalean harmaita (36463). Lyhytnokkaiset olivat sikäläisessä vakiomaalauskaaviossa, päältä tummanvihreitä (34079 ja ruskeita (30118) ja alta mustia (37038).

Amerikkalaiset Brewster Model 239 hävittäjät olivat saapuessaan maalattu kokonaan alumiinipronssilla.
Myös Hawker Hurricane I hävittäjät ja Gloster Gauntlet II harjoitushävittäjät Englannista tulivat sikäläisissä vakiomaaleissa ja -kaavioissa, päältä tumman vihreitä (34079) ja ruskeita (30118) ja alta vasemmalta mustia (37038), oikealta valkoisia (37778) ja muilta osin alumiinipronssisia (17178). Westland Lysander I maayhteistoimintakoneet olivat päältä edellisten kaltaisia, mutta alta lentopinnoiltaan kokonaan alumiinipronssia.

5/LLv 24:n Fokker FR-105 Joroisissa huhtikuussa 1940. Yläpuoli on oliivin vihreä ja alapuoli vaalean harmaa. Taktisena numerona on valkoinen viitonen. Jatkosodassa sekä hävittäjä- että tiedustelulaivueet merkitsivät tällä menetelmällä koneensa (Tekijän kokoelmat).

Fokker FR-105 of 5/LLv 24 at Joroinen in April 1940. Upper surfaces are olive green 35096 and lower surfaces light grey 36440. Tactical number is white five. In the Continuation War both fighter and reconnaissance squadrons applied similar markings to their aircraft.

(Ylhäällä) 1/LLv 12:n Gloster Gladiator II kone GL-277 Karhusjärvellä maaliskuussa 1940. Maalaus oli brittistandardin mukainen: päältä kahta vihreää ja kahta ruskeaa sekä alta oikeat siivet valkoiset ja vasemmat mustat muun alapuolen ollessa alumiinipronssia (O. Marttila). (Keskellä) 2/LLv 28:n Morane-Saulnier M.S. 406 kone MS318 Säkylässä maaliskuussa 1940. Maalaus oli päältä tumman siniharmaa - tumman vihreä - ruskea ja alta vaalean siniharmaa. Pyrstönumero on keltainen (P. Massinen). (Alhaalla) FIAT G.50 kone SA-1 varikolla Tampereella tammikuussa 1940. Värinä on päällä tumman vihreää ja ruskeaa ja alla vaalean harmaata. Rekisteri muutettiin FA-1:ksi 26.1.40 (Ilmavoimat).

(Top) Gloster Gladiator II fighter GL-277 of 1/LLv 12 at Karhusjärvi in March 1940. Standard British sheme: top Dark Green 34079 - Dark Earth 30118 - Light Green 34127 - Light Earth 30257, White starboard and Night port wing undersides, rest Aluminium. (Centre) Morane-Saulnier M.S. 406 plane MS318 at Säkylä in March 1940. Upper sides are dark blue-grey/Gris Bleu Fonce 36122 - khaki/Kaki 34096 - dark earth/Sienne Naturel 30117 and lower sides blue-grey/Gris Bleu Clair 36231. Ruddernumber is yellow. (Bottom) FIAT G.50 fighter SA-1 at Tampere depot in January 1940. Top was brown/Nocchiola Chiaro 30219 with dark green/Verde Oliva Scuro 34086 spots, bottom was light grey/Grigio Azzurro 36280. This plane became FA-1 on 26 January 1940.

(Ylhäällä) 3/LLv 14:n Fokker FO-68 talvimaalauksessa vuoden 1940 alussa. Oliivin vihreää yläpuolta on peitetty valkoisella (Tekijän kokoelmat). (Keskellä) Ruotsalaisen vapaaehtoisyksikön F 19:n Gladiator I hävittäjä 271/A Kauhavalla 30.3.40. Yläpuoli oli tumman vihreä ja alapuoli vaalean siniharmaa. Alumiinipronssia on ruiskutettu päälle talvinaamioksi. Kirjain A on keltainen (Ilmavoimat). (Alhaalla) ISK:n Ripon RI-137 Kauhavalla joulukuussa 1940. Oliivin vihreä suojamaalaus on peräisin Talvisodasta (Tekijän kokoelmat).

(Top) Fokker FO-68 of 3/LLv 14 in winter camouflage in early 1940. Olive green 34096 top has been touched up with white. (Centre) Gladiator I fighter 271/A of the Swedish voluntary unit F 19 at Kauhava on 30 March 1940. Upper side was dark green/Olivgrön 325, 34086 and lower side light blue-grey/Blågrå 058, 36250. Aluminium dope has been sprayed for winter camouflage. Letter A is yellow 33655. (Bottom) Ripon RI-137 of ISK at Kauhava in December 1940. Olive green 34096 paint was applied during the Winter War.

LLv 42:n Blenheim BL-136 kaartaa Luonetjärvellä elokuussa 1940. Koneessa on englantilainen vakiomaalaus: päältä tumman vihreä - ruskea ja alta musta. Oikea siiveke ja keskisiiven pommiluukut ovat suomalaisittain maalatusta koneesta (Ilmailu).

Blenheim BL-136 of LLv 42 banks at Luonetjärvi in August 1940. The machine wears a standard British camouflage: Dark Green 34079 - Dark Earth 30118 upper sides and Night 37038 lower sides. Starboard aileron and mid-wing bomb bay doors are from a Finnish style painted aircraft.

SOTAMAALAUS

Talvisodan jälkeen toukokuussa 1940 saapunut ensimmäinen huomattava erä oli Focke-Wulf Fw 44 J Stieglitz koulukoneet, jotka oli maalattu kuten Ruotsin ilmavoimien tilaamat samanlaiset koneet. Runko ja sivuohjaimet olivat tumman harmaita/Pansargrå (26044) ja lentopinnat oranssia/Orans (22473).

Koulukoneita vaivannut sananmukainen kirjavuus ratkaistiin 6. kesäkuuta 1940, jolloin peruskorjauksessa koneet määrättiin maalattavaksi seuraavasti:

TU-koneet:	yläpinnat standardivihreää ja alapinnat alumiinipronssia
SM-koneet:	kauttaaltaan oranssia
SZ- ja VI-koneet:	siivet ja pyrstöohjaimet oranssia ja runko standardivihreää

Varastossa olevat osat sai käyttää sen värisinä kuin ne olivat. Myös monentyyppisten ja -maalaisten sotakoneiden pinnoilla vallitseva värien kirjavuus sai osaratkaisun 26. elokuuta 1940 annetulla määräyksellä, jossa peruskorjauksessa koneet tuli maalattavaksi niiden ohjeiden mukaan, joita sotakoneiden maalauksesta aiemmin oli annettu, riippumatta kokonaan koneiden sen hetkisestä värityksestä. Toisin sanoen päältä standardivihreäksi ja alta vaalean harmaaksi tai joissain tapauksissa alumiinipronssiseksi.

Sota-ajan tärkein maalausta koskeva ilmavoimien esikunnan määräys annettiin 30. syyskuuta 1940, jolloin kuukauden ikäinen ohje muuttui seuraavasti:

"Viitaten 26.8.40, määrätään kaikkien sotakoneiden maalauksen taktillista ja yhtenäistämisnäkökohtaa silmälläpitäen seuraavaa:

1) Kaikki sotakoneet maalataan korjauksen yhteydessä kokonaan riippumatta koneiden nykyisestä väristä seuraavien ohjeiden mukaan:

a) Päältä ja sivuilta:

Kenttävihreä yleisväri (esim. Winter n:o 509), joka kokonaisvaikutuksen rikkomiseksi on osittain peitetty tummanharmailla kuvioilla (tummuusaste ja värisävy suunnilleen sama kuin englantilaisen BL:n alapuolen maalauksessa käytetty).

b) Alhaalta:

Hopeanharmaa yleisväri (kuten TU:ssa). Myös kiinteät laskutelineet tällä värillä.

c) Talviolosuhteissa voidaan kohdassa a) mainittua taktista maalausta parantaa helposti poispestävällä valkoisella liimavärillä. Viitataan edellistalven kokemuksiin.

d) On käytettävä himmeitä värejä.

2) Mikäli varastossa on suurempia määriä koneiden maalaukseen käytettäväksi aiottuja värejä, saadaan ne käyttää loppuun siten, että kohdassa 1) mainitun maalauksen edellyttämien värien tilalla käytetään joko sekoittamalla tai sellaisenaan niitä tummuusasteeltaan ja sävyltään lähellä olevia värejä sekä maalaamalla jo taktillisesti suojamaalatut ensikädessä BL-koneet niiden alkuperäisen maalauksen edellyttämillä väreillä.

3) Kaikki aikaisemmat määräykset sotakoneiden maalauksesta paitsi 23.7.40 annettu kansallisuusmerkkiä koskeva ja aikaisemmat, koneiden numerointia koskevat, kumotaan."

Ensimmäinen päivä marraskuuta 1940 edellä mainittua maalausohjetta täydennettiin seuraavasti:

Focke Wulf Fw 44 J Stieglitz SZ-3 juuri saapuneena Saksasta Malmille 27.5.40. Koneiden runko oli tumman harmaa ja lentopinnat sekä pyörien keskiöt oranssia, Ruotsin kolmen vuoden takaisen mallin mukaan (Ilmavoimat).

Focke Wulf Fw 44 J Stieglitz SZ-3 after arrival from Germany to Malmi on 27 May 1940. The fuselages were dark grey 26044 and flying surfaces and wheel hubs orange 22473, after a 3-year old Swedish example.

(Ylhäällä) LLv 22:n Hawker Hurricane I kone HU460 Malmilla 6.4.40. Koneessa on brittikaavio: päältä tumman vihreä - ruskea ja alta oikea siipi valkoinen ja vasen musta muun ollessa alumiinipronssia. Katso sivu 118 (Ilmavoimat). (Keskellä) Blenheim BL-134 on 26.2.40 saapunut LLv 42:lle Juvan tukikohtaan. OH-IPA oli Ruotsia ylitettäessä tarvittava siviilitunnus. Koneen maalaus kuten BL-136 sivulla 28 (Ilmavoimat). (Alhaalla) LLv 22:n Brewster Model 239 tunnuksella BW-352 Hollolassa maaliskuussa 1940. Kone on kauttaaltaan alumiinipronssia, myös runkotunnuksen pohja (A. Bremer).

(Top) Hawker Hurricane I fighter HU460 of LLv 22 at Malmi on 6 April 1940. This aircraft is in standard British scheme: top Dark Green 34079 - Dark Earth 30118, bottom white starboard and black port wings and else in aluminium. See page 118. (Centre) Blenheim BL-134 has arrived on 26 February 1940 to LLv 46 at Juva. OH-IPA was the civil registration needed to fly over Sweden. Colours as BL-136 on page 28. (Bottom) Brewster Model 239 fighter BW-352 of LLv 22 at Hollola in March 1940. The plane is in overall aluminium finish, including the fuselage insignia bottom.

"Edelliseen liittyen VL:llä maalattiin yksi BW (BW-379) kokeeksi em. kirjelmän ohjeiden mukaan. Maalauksesta IlmaVE huomauttaa seuraavaa:

1. Suojamaalauksen mustat (tumman harmaan tilalla käytetään aivan mustaa) alueet maalataan suuremmiksi siten, että mustien ja vihreiden kuvioiden yht. alojen suhde on noin 2:3.

2. Alapuolen ja sivu-yläpuolen rajaviiva on tehtävä mutkikkaaksi edellisen suoran asemasta, liitten esittämän kuvan tapaan.

Yllämainitut huomioonottaen on kaikki sotakoneet liittymiskirjelmässä määrätyssä järjestyksessä suojamaalattava."

9.11.40 muistutettiin lentokonetehdasta, että aiemmin tilatut FR-, PY- ja BL-koneet suojamaalataan em. kirjelmien mukaisesti.

Käytännössä tämä tarkoitti, että rintamakoneet maalattiin päältä oliivin vihreällä (34096) ja mustalla (37038) sekä alta vaalean harmaalla (36440) tai joissain tapauksissa alumiinipronssilla, jälkimmäisellä erityisesti 2-moottorikoneet. Tästä värityksestä vakiintui pian termi sotamaalaus. Se maalattiin myös harjoitushävittäjiin ja useisiin rintamalaivueissa toimineisiin yhteyskoneisiin.

25. kesäkuuta 1941 alkaneessa Jatkosodassa Saksa oli saanut 15 kuukautta puolueettomana olleesta Suomesta aseveljen (ei siis liittolaista, jolla on kiinteämmät, myös poliittiset suhteet). Kun puoli oli valittu, niin sotamateriaalin hankkimiselle oman tuotannon lisäksi oli vain yksi kanava, Saksa.

Viikkoa ennen sotatoimien alkua suoritettiin maassamme yleinen liikekannallepano, jonka yhteydessä ilmavoimien komentaja, kenraalimajuri Jarl Fritjof Lundqvist ilmoitti kaikille lento- ja it-joukoille omien koneiden uudesta merkitsemistavasta, joka oli keltainen 50 cm leveä vyö takarungon ympäri ja alta siiven kärjet 1/6 matkalta. Kyseessä oli akselivaltojen alkavan idän sotaretken omakonetunnus. Maalaus tuli suorittaa välittömästi ja käytettetävä keltainen väri oli Schildt & Hallbergin Dicco n:o 6, joka oli Federal Standard 595a:n asteikolla kiiltävä (13538).

Väljästi muotoillusta ohjeesta johtuen, keltaisen runkonauhan paikka vaihteli ohjaamon takareunasta korkeusohjainten juureen ollen yleisesti rekisterimerkin kohdalla. Siiven alapinnalla väriraja kulki normaalisti kansallisuusmerkin keskeltä ja 2-tasoisissa koneissa keltaista saattoi olla myös yläsiiven kärkien alapuolella.

Myös ulkomailta ostetut lähinnä saksalaisten saamat sotasaaliskoneet peruskorjattiin ennen käyttöönottoa ja maalattiin sotakoneiden ohjeiden mukaisesti, paitsi kesällä 1941 tulleet Curtiss Hawk 75A (CU) hävittäjät, jotka oli peruskorjattu Saksassa ja maalattu sikäläisillä väreillä, päältä tumman vihreällä/ Dunkelgrün 71 (34079) ja alta vaalean sinisellä/Hellblau 65 (35414).

(Ylhäällä) Gloster Gauntlet II harjoitushävittäjä koottuna varikolla Tampereella 29.5.40. Koneen maalaus on sama kuin Hurricanen edellisellä sivulla (Ilmavoimat). (Alhaalla) Lentolaivue 12:n Westland Lysander I kone LY-123 Kauhavalla heinäkuussa 1940. Brittiläiset yhteistoimintakoneet oli maalattu päältä tumman vihreällä ja ruskealla sekä alta vain siivet alumiinipronssilla (Ilmavoimat).

(Top) Gloster Gauntlet II fighter trainer assembled at the depot at Tampere on 29 May 1940. It was painted like the Hurricane on previous page. (Bottom) Westland Lysander I serialled LY-123 of LLv 12 at Kauhava in July 1940. The British army co-op aircraft had Dark Green 34079 - Dark Earth 30118 on upper side and aluminium dope 17178 on lower side of the wings only.

Elokuuhun 1941 mennessä Cu-kineiden oikean siiven alapinta maalattiin mustaksi tunnuksen ja laskutelineen väliltä. Kyseessä oli Karjalan Kannaksen valtauksen taktinen merkki. Suomalaiset laajensivat omakonetunnusta siten, että 1. syyskuuta 1941 vastaisena yönä 1-moottoristen rintamakoneitten nokka tuli myös maalata keltaiseksi 50 cm:n matkalta. Näin meneteltiin tähtimoottoristen koneitten osalta, mutta rivimoottorilla varustettujen koneiden nokalla nauha oli yleensä 75 cm.

Tammikuussa 1942 saapuivat Saksasta Dornier Do 17 Z (DN) koneet, jotka yleisesti oli maalattu päältä mustan vihreällä/Schwartzgrün 70 (34050) ja tumman vihreällä/Dunkelgrün 71 (34079) ja alta vaalean sinisellä/Hellblau 65 (35414). Pääsääntöisesti tummempi vihreä peitettiin ennen käyttöönottoa valkoisella liimavärillä talviolosuhteisiin paremmin sopivaksi suojamaalaukseksi.

Talvimaalauksen poiston yhteydessä seuraavana keväänä koneisiin tehtiin normaali sotakoneiden maalaus alapintojen jäädessä vaalen sinisiksi, sillä 7. toukokuuta 1942 sotakoneiden alapinnat määrättiin maalattavaksi tällä vaalen sinisellä mattavärillä, joka sai nimen DN-väri (35414). Maalaus tehtiin peruskorjauksen yhteydessä, myös "uusiin" Saksasta ostettuihin sotasaaliskoneisiin.

Edellä mainitulla päivämäärällä määrättiin myös sotasaaliskoneet maalattavaksi ns. sirpalemaalaukseen värisävyjen pysyessä entisinä. Tässä sotasaaliskoneilla tarkoitettiin neuvostoliittolaista alkuperää olevaa kalustoa.

Uusia väreja tuli ilmavoimiimme, kun Messerschmitt Bf 109 G (MT) hävittäjiä alkoi saapua Saksasta maaliskuussa 1943. Koneet oli maalattu sikäläiseen sirpalemaisen vakiokaavioon, jossa yläpuolen väreinä oli tummanharmaa/Graugrün 74 (34086) ja harmaa/Mittelgrau 75 (36122) alapuolten ja kylkien ollessa vaalean harmaita/Weissblau 76 (36473). Kylkiin oli maalattu epäsäännöllisiä täpliä käyttäen tummempia harmaita sävyjä.

Mainittua väritystä saksalaiset olivat käyttäneet hävittäjäkoneissa jo yli kaksi vuotta sen osoittauduttua hyväksi naamioinniksi ilmassa keski- ja yläkorkeuksissa, missä ilmasotaa käytiin. Myös britit ja venäläiset siirrtyivät käyttämään harmaita sävyjä.

Junkers Ju 88 A-4 (JK) pommittajat saapuivat huhtikuussa 1943 ja niissä oli saksalaisten pommittajien vakioitu sirpalemaalauskaavio, yläpuolen ja kylkien

(Ylhäällä) Lentolaivue 44:n Blenheim BL-106 nokallaan Kemissä 12.7.40. Yläpuolella on naamiomaalauskokeilu: musta - tumman harmaa - oliivin vihreä (K-SIM). (Alhaalla) Lentolaivue 32:n Fokker FR-108 Siikakankaalla toukokuussa 1941. 30.9.40 määrätyn mustan ja oliivin vihreän sotamaalauksen päällä on valkoinen talvinaamio. Alapuolet ovat vaalean harmaat (V. Lakio).

(Top) Blenheim BL-106 of LLv 44 at Kemi on 12 July 1940. The experimental 3-tone camouflage consisted of black, dark grey and olive green. (Bottom) Fokker FR-108 of LLv 32 at Siikakangas in May 1941. The black 37038 and olive green 34096 war paint was introduced on 30 September 1940, on it is a white winter camouflage. Lower surfaces are light grey 36440.

(Ylhäällä) LeLv 46:n Douglas DC-2 kone DC-1 Luonetjärvellä syksyllä 1941. Kone on ehkä ruotsalaisten vaalean siniharmaa keltaisin itärintamamerkein. Nokassa on nimikointi Hanssin-Jukka (Tekijän kokoelmat). (Alhaalla) 3/LeLv 26:n FIAT FA-1 Värtsilässä 10.7.41. Italialaista maalausta on täydennetty keltaisilla itärintamatunnuksilla ja taktisella numerolla. Siivissä on vielä isot tunnukset (SA-kuva).

väreinä olivat mustanvihreä/Schwartzgrün 70 (34050) ja tummanvihreä/Dunkelgrün 71 (34079) ja alapuolen vaalean sininen/Hellblau 65 (35414).

Elokuussa 1943 vuokrattiin Saksasta kaksi Heinkel He 59 B (HL) kellukekonetta meripelastustehtäviin. Koneet oli maalattu tehtävän mukaisin vakiovärein sirpalekaavioon, päältä kahdella tumman vihreällä/Grün 72 (36081) ja Grün 73 (34092) ja alta vaalean sinisellä/Hellblau 65 (35414).

Neuvostoliiton suurhyökkäyksen alettua ja ilmasodan kiihdyttyä huippuunsa, suomalaisten koneiden häivyttämiseksi lennolla, määrättiin 13. kesäkuuta 1944 nokassa olevan keltaisen nauhan yläosa ylimaalattavaksi välittömästi.

Jatkosota päättyi aselepoon 4. syyskuuta 1944 ja loput keltaiset omakonetunnukset määrättiin poistettavaksi kymmenen päivän sisällä. Sotatoimet jatkuivat vielä saksalaisia vastaan Lapissa päättyen 27. huhtikuuta 1945 vieraiden joukkojen poistuttua maamme alueelta.

Sotamaalaus oli käytössä vielä sodan jälkeen 29. syyskuuta 1947 asti, jolloin musta määrättiin poistettavaksi maalauskaaviosta korjauksen yhteydessä. Samalla PY-harjoituskoneet määrättiin maalattavaksi kuten muut koulukoneet, eli runko oliivin vihreäksi (24096) ja lentopinnat oranssiseksi (12215).

Pariisissa helmikuussa 1947 tehdyn rauhansopimuksen mukaan Suomi sai pitään 60 taistelukoneen (poislukien pommittajat) enimmäisvahvuuden 15. syyskuuta 1948 alkaen. Tällöin sodasta jäänyt runsas ja suurimmaksi osaksi seissyt lentokalusto varastoitiin lopullisesti MT-hävittäjiä sekä joitakin yhteys-, kuljetus- ja maalinhinauskoneita lukuunottamatta.

Sotamaalauksen jälkeisen suojamaalauksen yläpuolen oliivinvihreän ja alapuolen vaalean sinisen värin raja kulki suoraan rungon alaosassa, kuten ennen sotaa. Pyörremyrsky (PM) hävittäjän maalaus ennakoi tätä jo syyskuussa 1945, mutta varsinaisesti MT-, BL-, JU- ja FK-koneita maalattiin näin. Muutamia poikkeuksia lukuunottamatta vuoteen 1953 mennessä tällä lailla suojamaalatut koneet olivat jo lentonsa lentäneet.

(Top) Douglas DC-2 coded DC-1 of LeLv 46 at Luonetjärvi in autumn 1941. The aircraft is possibly in Swedish light blue-grey 36250 with yellow 13538 eastern front markings. Noseinscription is Hanssin-Jukka. (Bottom) FIAT serialled FA-1 of 3/LeLv 26 at Värtsilä on 10 July 1941. The Italian camouflage has been added by yellow 13538 eastern front markings and tactical number. The wings still carry the large insignia.

(Ylhäällä) 4/LeLv 24:n Brewster BW-380 Rantasalmella heinäkuussa 1941. Musta ja oliivin vihreä sotamaalaus on tehty laivueessa, koneen alapuoli on jätetty hopean väriseksi. Lentueen tunnuksena oli valkoisessa peräsimessä musta taktinen numero (Tekijän kokoelmat). (Keskellä) 2/LeLv 12:n Fokker FR-114 Mantsissa elokuussa 1941 sotamaalauksessa. Taktinen numero on valkea (R. Hakulinen) (Alhaalla) 3/LeLv 28:n Morane MS-601 Joensuussa heinäkuussa 1941. Lentueen värit ovat keltainen pyrstönumero ja potkurin spinneri (Tekijän kokoelmat).

(Top) Brewster BW-380 of 4/LeLv 24 at Rantasalmi in July 1941. The black 37038 and olive green 34096 war paint was done at the squadron, the lower surfaces were left in aluminium dope. The flight used black tactical numbers on a white rudder. (Centre) Fokker FR-114 of 2/LeLv 12 at Mantsi in August 1941 in full war paint. Tactical number is white. (Bottom) Morane MS-601 of 3/LeLv 28 at Joensuu in July 1941. The flight colours are yellow 13538 tail number and spinner.

FR-92

FR

2/LeLv 12:n Fokker FR-92 tyyppikuvissa Nurmoilassa 2.8.42. Lentueen tunnus "Iloinen aasi" on tässä koneessa vain vasemmalla puolella, osittain mustan naamiomaalin peittämänä. Muu yläpuoli on oliivin vihreätä samoin kuin osa laskutelineen tossuista. Koneen alapuoli on vielä vaalean harmaa. Katso sivu 119 (Ilmavoimat).

Fokker FR-92 of 2/LeLv 12 in identification pictures at Nurmoila on 2 August 1942. The flight emblem gay donkey is only on the left side, partly covered by black camouflage paint. Rest of the top side is olive green 34096 as are parts of the wheel spats. Lower surfaces are light grey 36440. See page 119.

(Ylhäällä) 1/LeLv 14:n Gladiator GL-267 starttaa Utissa 25.6.41. Koneessa on 4-värinen brittikaavio, katso sivu 116. Rekisterimerkki on isoilla symboleilla siiven alapuolella (SA-kuva). (Keskellä) 1/LeLv 30:n sotamaalattu Fokker FR-134 Suur-Merijoella maaliskuussa 1942. Lentue käytti valkoisia numeroita peräsimessä (IMY). (Alhaalla) LeLv 32:n Curtiss Hawk 75A CU-571 Nurmoilassa kesäkuussa 1942. Kone oli päältä saksalaisten tumman vihreä ja alta vaalean sininen. Oikean siiven alapuoli tunnuksen ja laskutelineen välillä oli musta. Peräsimessä on sininen ykkönen valkealla reunalla (A. Bremer).

(Top) Gladiator GL-267 of 1/LeLv 14 taking off at Utti on 25 June 1941. The machine wears a 4-colour British scheme, see page 116. The serial number is in large digits below the lower wings. (Centre) Warpainted Fokker FR-134 of 1/LeLv 30 at Suur-Merijoki in March 1942. White tail numbers were used by this flight. (Bottom) Curtiss Hawk 75A fighter CU-571 of LeLv 32 at Nurmoila in June 1942. Upper sides are German dark green/Dunkelgrün 71, 34079 and lower sides light blue/Hellblau 65, 35414. Bottom of the starboard wing is black between the insignia and wheel well. Rudder carries a blue 25123 number one with white edge.

(Ylhäällä) 3/LeLv 28:n Moranet MS315 ja 329 (takana) Äänislinnassa lokakuussa 1941. Koneet ovat edelleen ranskalaisessa suojamaalauksessa, katso sivu 117. (Keskellä) 2/LeLv 26:n FIAT FA-19 lennolla maaliskuussa 1942. Vaikka italialaista maalausta on paikattu, on se hilseillyt runsaasti. Pyrstössä on vielä 1. lentueen sini-valkoinen numero ja sininen potkurin napa (C-E. Bruun). (Alhaalla) 2/LeLv 24:n Brewster BW-387 huollossa Onttolassa kesällä 1942. Koneen alapuoli ja tunnusten pohjat ovat alumiinipronssia. Koneessa on laivueen tunnus ja vielä 4. lentueen värit, ml. punainen spinneri valkealla raidalla (Ilmavoimat).

(Top) Moranes MS315 and 329 of 3/LeLv 28 at Äänislinna in October 1941. Both planes wear the French camouflage, see page 117. (Centre) FIAT FA-19 of 2/LeLv 26 in flight in March 1942. Even if the Italian paintwork has been patched up with olive green, it is peeling off . Tactical colours of blue 25123 spinner and tail number with white edge still belong to the 1st Flight. (Bottom) Brewster BW-387 of 2/LeLv 24 in overhaul at Onttola in summer 1942. Lower sides and circles of the insignia are in aluminium dope. The plane still wears 4th Flight colours including a red 21302 spinner with a white stripe.

1/LeLv 44:n Blenheim valokuvauskone BL-129 Onttolassa pyörillä toukokuussa 1942 ja suksilla pari kuukautta aikaisemmin. Koneessa on tyypillinen sotamaalaus mustalla ja oliivin vihreällä alapuolen ollessa tässä vaiheessa vielä vaalean harmaa. Lentokuvat ovat kesältä 1943, jolloin naamiokuvio oli hiukan erilainen ja alapuoli vaalean sininen (Ilmavoimat).

Mapping Blenheim BL-129 of 1/LeLv 44 on wheels at Onttola in May 1942 and on skis a couple of months earlier. The aircraft carries a typical war paint of black 37038 and olive green 34096 while the lower surfaces are still light grey 35440. The aerial shots are taken in summer 1943 when the pattern was a bit different and lower surfaces light blue 35414.

(Ylhäällä) 2/LeLv 6:n Tupolev SB-2M-100 kone VP-7 Nummelassa 29.9.41. Sotamaalattu kone on alta alumiinipronssia (Ilmavoimat). (Keskellä) 2/LeLv 6:n Tupolev SB-14 Malmilla 3.10.42. Vakaajassa on lentueen tunnus, katso sivu 158. 17.9.41 tunnus määrättiin muotoon SB. Sotamaalauksessa on sirpalekaavio (Ilmavoimat). (Alhaalla) 2/LeLv 48:n Iljushin DB-3M kone DB-18 Luonetjärvellä elokuussa 1942 vakiokaaviossa (Ilmavoimat).

(Top) Tupolev SB-2M-100 bomber VP-7 of 2/LeLv 6 at Nummela on 29 September 1941. This ship is in war paint with aluminium dope under sides. (Centre) Tupolev SB-14 of 2/LeLv 6 at Malmi on 3 October 1942. The fin has the flight emblem, see page 158. On 17 September 1941 the serial was changed to SB. The war paint has a splinter pattern. (Bottom) Ilyushin DB-3M coded DB-18 of 2/LeLv 48 at Luonetjärvi in August 1942 in starndard pattern.

2/LeLv 48:n Iljushin DB-19 elokuussa 1942. Koneessa on yläpuolella sotasaaliskoneille 7.5.42 määrätty musta - oliivin vihreä sirpalemainen kaavio, jolloin alapuolet olivat vaalean sinistä DN-väriä. Nokassa on lentueen tunnus, katso sivu 161 (Ilmavoimat).

Ilyushin DB-19 of 2/LeLv 48 in August 1942. On 7 May 1942 a splinter pattern with same colours was issued to war booty aircraft while the under surfaces were light blue DN-colour 35414. The flight emblem is on the nose, see page 161.

1/LeLv 48:n Petljakov Pe-2 kone PE-213 Onttolassa elokuussa 1942. Koneessa on tyypillinen sotasaaliskoneiden sirpalemainen maalauskaavio. Potkurit olivat mustia ja lapojen kärjet keltaisia (Ilmavoimat).

Petlyakov Pe-2 bomber PE-213 of 1/LeLv 48 at Onttola in August 1942. This ship carries also the standard splinter pattern for captured aircraft. The propeller spinner and blades are black 27038 with yellow 13538 tips.

3/LeLv 12:n Fokker C.X tunnuksella FK-99 Nurmoilassa 2.8.42. Koneessa on tyypillinen 2-tasojen sotamaalaus ja alapuoli on vielä vaalean harmaa (Ilmavoimat).

Fokker C.X light bomber FK-99 of 3/LeLv 12 at Nurmoila on 2 August 1942. The camouflage pattern was typical for biplanes. The lower surfaces are still light grey 36440.

(Ylhäällä) 1/LeLv 16:n Gladiator GL-270 Äänislinnassa heinäkuussa 1942. Alapuolet ovat vaalean harmaat. Siipitunnukset on himmennetty (Ilmavoimat). (Keskellä) 2/LeLv 16:n Lysander LY-116 Hirvaksessa heinäkuussa 1942 sotakoneiden maalausohjeen mukaisessa asussa vaalean sinisine alapintoineen (Ilmavoimat). (Alhaalla) 2/LeLv 26:n Hurricane HC-460 Kilpasillassa talvella 1942/43. Yläpuolella on normaali sotamaalaus alapuolten ollessa vaalean sinisiä. Pyrstönumero on musta valkealla reunalla (Tekijän kokoelmat).

(Top) Gladiator GL-270 of 1/LeLv 16 at Äänislinna in July 1942. Lower sides are light grey. Wing insignia have been toned down. (Centre) Lysander LY-116 of 2/LeLv 16 at Hirvas in July 1942 in standard war paint of black 37038 and olive green 34096 with light blue 35414 under sides. (Bottom) Hurricane HC-460 of 2/LeLv 26 at Kilpasilta in winter 1942/43. Upper parts wear a normal war paint and the lower parts are light blue. Tail number is black with white border.

(Ylhäällä) 2/LeLv 28:n Morane MS-622 Hirvaksessa lokakuussa 1942. Alapuoli on vaalean harmaa. Lentueen koneissa oli punainen potkurin napa (Ilmavoimat). (Keskellä) LeLv 32:n Curtiss CU-558 Nurmoilassa 2.8.42. Kone on päältä tumman vihreä ja alta vaalean sininen (Ilmavoimat). (Alhaalla) T-LLv 35:n Fokker FR-143 Vesivehmaalla kesäkuussa 1942 (Ilmavoimat).

(Top) Morane MS-622 of 2/LeLv 28 at Hirvas in October 1942. Lower surfaces are light grey 36440. The flight used red 21302 spinners. (Centre) Curtiss CU-558 of LeLv 32 at Nurmoila on 2 August 1942. Upper colour is dark green Dunkelgrün 71, 34079 and lower colour light blue Hellblau 65, 35414. (Bottom) Fokker FR-143 of T-LLv 35 at Vesivehmaa in June 1942.

(Ylhäällä) Dornier Do 22 Kl tunnuksella DR 195 saapuneena Malmille 1.10.41. Väritys on saksalainen tumman ruskea - vihreä - harmaa ja alta vaalean sininen (Tekijän kokoelmat). (Keskellä) 2/LeLv 6:n Ripon RI-153 lennolla syyskuussa 1942. Koneessa on normaali sotamaalaus (Tekijän kokoelmat). (Alhaalla) LeLv 46:n Heinkel He 115 A-2 tunnuksella HE-115 Kontiolahdella heinäkuussa 1942, maalattuna sotakoneiden maalausohjeen mukaisesti (Ilmavoimat).

(Top) Dornier Do 22 Kl coded DR 195 after arrival at Malmi on 1 October 1941. The colours are German Dunkelbraun 61, 30040 - Grün 62, 34128 - Hellgrau 63, 36165 with Hellbalu 65, 35414 under side. (Centre) Ripon RI-153 of 2/LeLv 6 seen in flight in September 1942. The bi-plane wears a normal war paint. (Bottom) Heinkel He 115 A-2 serialled HE-115 of LeLv 46 at Kontiolahti in July 1942 in a typical war paint with light blue undersides.

(Ylhäällä) Hopeanvärinen Berijev MBR-2M-34 sotasaalisvene NA-2 suksilla Nurmoilassa 20.2.42 (Ilmavoimat). (Keskellä) Lentolaivue 44:n Junkers F 13kä kone JU-120 Tiiksjärvellä kesäkuussa 1942. Alumiinipronssin päälle on maalattu oliivin vihreää väriä (R. Rosenberg). (Alhaalla) Lentolaivue 30:n Heinkel He 59 B-2 kellukekone HL-59 Römpötissä elokuussa 1943. Kone on maalattu saksalaisilla kahdella tumman vihreällä päältä ja alta vaalean sinisellä (Tekijän kokoelmat).

(Top) Aluminium doped Beriev MBR-2M-34 war booty coded NA-2 on skis at Nurmoila on 20 February 1942. (Centre) Junkers F 13kä courier JU-120 of LeLv 44 at Tiiksjärvi in June 1942. Olive green paint has been added on the aluminium finish. (Bottom) Heinkel He 59 B-2 floatplane HL-59 of LeLv 30 at Römpötti in August 1943. The colours are German maritime greens 72, 36081 - 73, 34092 with light blue/Hellblau 65, 35414 on lower surfaces.

(Ylhäällä) 2/LeLv 28:n Morane MS-624 Hirvaksessa maaliskuussa 1943. Koneen alapuoli on vaalean sininen (K-SIM). (Keskellä) 1/LeLv 30:n talvimaalattu Fokker FR-142 Römpötissä helmikuussa 1943. Kone on alta todennäköisesti vielä vaalean harmaa (Tekijän kokoelmat). (Alhaalla) 3/LeLv 24:n Brewster BW-352 omaperäisessä talvinaamiossa helmikuussa 1943. Alapuoli on edelleen alumiinipronssia (Ilmavoimat).

(Top) Morane MS-624 of 2/LeLv 28 at Hirvas in March 1943. Undersides are light blue. (Centre) Fokker FR-142 of 1/LeLv 30 in winter camouflage at Römpötti in February 1943. Lower surfaces are probably still light grey. (Bottom) Brewster BW-352 of 3/LeLv 24 in February 1943 wearing a unique winter camouflage shown here to good advantage. Underside is still in aluminium dope.

(Ylhäällä) LeLv 46:n Dornier Do 17 Z -rivistö Luonetjärvellä 29.4.42. Talvimaalin poistoa odottaa edestä DN-63, 65 ja 55. Alla on saksalainen kaavio: mustan vihreä - tummna vihreä ja alta vaalean sininen (Ilmavoimat). (Keskellä) 2/LeLv 6:n Tupolev SB-14 Immolassa maaliskuussa 1943. Koko yläpuoli on valkoinen alapuolen ollessa vaalean sininen (P. Saari). (Alhaalla) 2/LeLv 16:n Lysander LY-116 talvimaalauksessa tammikuussa 1943. Kone on alta vaalean sininen (Tekijän kokoelmat).

(Top) Dornier Do 17 Z line-up of LeLv 46 at Luonetjärvi on 29 April 1942. DN-63, 65 and 55 are waiting for the removal of the winter paint. Underneath are German greens Schwartzgrün 70, 34050 - Dunkelgrün 71, 34079 with Hellblau 65, 35414 lower side. (Centre) Tupolev SB-14 of 2/LeLv 6 at Immola in March 1943. All upper surfaces are white 37875 while lower ones are light blue 35414. (Bottom) Lysander LY-116 of 2/LeLv 16 in white winter paint in January 1943. Bottom is light blue.

(Ylhäällä) 3/LeLv 6:n Polikarpov I-153 konetta VH-13 käännetään oikenpäin Nummelassa 12.9.41. Yläpuolella on normaali sotamaalaus (L. Bergman) (Alhaalla) Sama Tsaikka nokillaan Haminan edustalla 24.2.42. Alapuoli on vaalean harmaa. VH tunnus muutettiin IT:ksi 4.6.42 (R. Erjo).

(Top) Polikarpov I-153 serialled VH-13 of 3/LeLv 6 is turned the right side up at Nummela on 12 September 1941. There is a standard war paint on upper surfaces. (Bottom) The same Chaika on the nose at Hamina on 24 February 1942 exposing the light grey under surfaces. VH serial was changed to IT on 4 June 1942.

Lavotshkin LaGG-3 hävittäjä LG-1 syyskuussa 1943. Yllä Immolassa matkalla LeLv 32:lle, keskellä vielä tehtaalla Tampereella ja alla Nurmoilassa laivueessa. Sotamaalaus on mustaa ja oliivin vihreää, alapuoli on vaalean sininen, katso sivu 123 (P. Saari ja Ilmavoimat).

Lavochkin LaGG-3 fighter LG-1 in September 1943. Top at Immola on the way to LeLv 32, centre still in factory at Tampere and bottom at Nurmoila in the unit. The camouflage has the standard splinter pattern for captured aircraft, see page 123.

1/LeLv 46:n Dornier DN-60 Noljakassa kesäkuussa 1942. Koneessa on normaali sotamaalaus vaalean sinisellä alapuolella. Potkurit ovat mustia ja lapojen kärjet keltaisia. Laivueen tunnus "visentti" on väreinä sivulla 83 (Ilmavoimat).

Dornier DN-60 of 1/LeLv 46 at Noljakka in June 1942. The bomber has the standard war paint with light blue underside. Propeller spinner and blades are black 27038 with yellow 13538 tips. The squadron emblem buffalo is depicted in colour on page 83.

LeLv 46:n Dornier DN-64 valokuvauskone, nokassa on pata-ässä, katso sivu 172. Yllä kone on Tiiksjärvellä 12.1.43 ja alla Malmilla 21.4.43 menossa LeLv 48:n valokuvauslentueeseen. Sotamaalauksen päällä on valkoinen naamiokuvio (SA-kuva ja V. Salminen).

Mapping Dornier DN-64 of LeLv 46 with ace of spades on the nose, see page 172. Top and centre pictured at Tiiksjärvi on 12 January 1943 and below at Malmi on 21 April on the way to the photographic flight of LeLv 48. Standard war paint is touched up by white distemper.

(Ylhäällä) LeSK:n VL Pyry tunnuksella PY-33 Kauhavalla 22.10.41. Harjoituskoneiden alapuoli oli tavallisesti vaalean harmaa (Ilmavoimat). (Keskellä) LeSK:n VL Viima II kone VI-16 Kauhavalla kesällä 1944. Runko on oliivin vihreä ja siivet sekä pyrstö oranssia (Tekijän kokoelmat). (Alhaalla) LeSK:n konetarkastus 8.5.44. Tuiskut ovat oliivin vihreitä päältä ja alumiinipronssia alta sekä Smolikit oranssia ympäriinsä (Ilmavoimat).

(Top) VL Pyry trainer PY-33 of LeSK at Kauhava on 22 October 1941. Non-combat types usually had light grey 36440 undersides. (Centre) VL Viima II trainer VI-16 of LeSK at Kauhava in summer 1944. The fuselage is olive green 24096 and wings and tail orange 22215. (Bottom) Inspection at LeSK on 8 May 1944. Tuisku aircraft have olive green tops and aluminium dope bottoms while the Smoliks are orange overall.

(Ylhäällä) LeSK:n Stieglitz SZ-9 Kauhavalla vuoden 1942 alussa. Koneessa on jo koulukoneiden vakiomaalaus, kuten Viimassa edellisellä sivulla (O. Riekki). (Keskellä) LeSK:n Bulldog BU-65 Kauhavalla vuoden 1943 alussa. Kone on sotamaalauksessa (Tekijän kokoelmat). (Alhaalla) LeSK:n Gauntlet GT-414 Kauhavalla 3.3.43, myös sotamaalauksessa vaalean sinisellä alapuolella (Ilmavoimat)

(Top) Stieglitz SZ-9 of LeSK at Kauhava in early 1942. This plane has the standard trainer finish as described previous page in Viima. (Centre) Bulldog BU-65 of LeSK at Kauhava in early 1943 wearing a normal war paint. (Bottom) Gauntlet GT-414 of LeSK at Kauhava on 3 March 1943 in full war paint with light blue lower surfaces.

(Ylhäällä) 3/LeLv 34:n Messerschmitt Bf 109 G-2 kone MT-216 Utissa huhtikuussa 1943 (Ilmavoimat). (Keskellä) 1/HLeLv 34:n Bf 109 G-6 kone MT-423 Kymissä kesäkuussa 1944. Peräsimessä oleva laivuetunnus hyväksyttiin 7.6.44 (K. Joutseno). (Alhaalla) 1/HLeLv 34:n Mersu MT-451 Taipalsaaressa heinäkuussa 1944. Uusi taktisen numeron paikka määrättiin 22.5.44. Vain nokan alaosa on keltainen. Kaikki koneet ovat saksalaisessa kolmen harmaan 74-75/76 suojamaalauksessa (K. Risku).

(Top) Messerschmitt Bf 109 G-2 fighter MT-216 of 3/LeLv 34 at Utti in April 1943. (Centre) Bf 109 G-6 coded MT-423 of 1/HLeLv 34 at Kymi in June 1944. The squadron emblem on the rudder was approved on 7 June 1944. (Bottom) Mersu MT-451 of 1/HLeLv 34 at Taipalsaari in July 1944. New locations for the tactical numbers were introduced on 22 May 1944. Only the lower part of the nose has yellow 13538. All planes wear the German three greys scheme: top Grüngrau 74, 34086 - Mittelgrau 75, 36122 and bottom Weissblau 76, 36473.

(Ylhäällä) 1/HLeLv 24:n Bf 109 G-8 kone MT-483 Lappeenrannassa heinäkuussa 1944 (J. Hyvönen). (Keskellä) 3/HLeLv 34:n Mersu MT-416 laskeutuu Taipalsaareen kesäkuussa 1944. Nokan yläpuolen keltainen poistettiin 13.6.44 (K. Risku). (Alhaalla) 2/HLeLv 24:n kone MT-431 Utissa syyskuussa 1944. Musta naamioväri on lisätty ja keltaiset itärintamatunnukset poistettu (V. Lakio).

(Top) Bf 109 G-8 serialled MT-483 of 1/HLeLv 24 at Lappeenranta in July 1944. (Centre) Mersu MT-416 of 3/HLeLv 34 landing at Taipalsaari in June 1944. Yellow on the upper nose was removed on 13 June 1944. (Bottom) MT-431 of 2/HLeLv 24 at Utti in September 1944. All are in three greys finish, the latter having black paint added and yellow eastern front markings removed as of 14 September 1944.

3/PLeLv 44:n Junkers Ju 88 A-4 kone JK-267 Luonetjärvellä. Yllä ja keskellä 1.4.44 ja alla elokuussa 1943. Koneen päällä on saksalainen mustan vihreä - tumman vihreä ja alla vaalean sininen naamiomaalaus. Pyrstönumero on ääriviivana keltaisella, samoin spinnerin kärki (SA-kuva ja O. Toivanen).

Junkers Ju 88 A-4 bomber JK-267 of 3/PLeLv 44 at Luonetjärvi. Top and centre on 1 April 1944 and bottom in August 1943. The camouflage is German greens: above Schwartzgrün 70, 34050 - Dunkelgrün 71, 34079 and below Hellblau 65, 35414. Yellow 13538 spinner tip and tail number only as an outline.

(Ylhäällä) 4/LeLv 44:n Junkers JK-272 Luonetjärvellä elokuussa 1943. Pyrstönumero on ääriviiva valkoinen (Sotamuseo). (Keskellä) 1/PLeLv 44:n kone JK-255 epäonnistuneen startin jäljiltä Utissa 1.6.44. Nokassa on lentueen tunnus, katso sivu 161. Pyrstönumero on ääriviiva vaalean sininen (Ilmavoimat). (Alhaalla) 3/LeLv 44:n Junkers JK-267 lennossa heinäkuussa 1943. Värit ovat saksalaiset 70-71/65 (Ilmavoimat).

(Top) Junkers JK-272 of 4/LeLv 44 at Luonetjärvi in August 1943. White tail number is just an outline. (Centre) JK-255 of 1/PLeLv 44 collapsed at the take-off at Utti on 1 June 1944. The flight emblem is on the nose, see page 161. The outline number on the fin is light blue 35414. (Bottom) JK-267 of 3/LeLv 44 in flight showing clearly the colour demarcation lines of the German greens 70 and 71.

(Ylhäällä) 1/HLeLv 26:n Brewster BW-375 Immolassa kesäkuussa 1944 edellisen vuoden vakiomaalauksessa (SA-kuva). (Keskellä) 1/TLeLv 16:n Tsaikka IT-31 Värtsilässä heinäkuussa 1944 (IMY). (Alhaalla) HLeLv 32:n Curtiss CU-575 Uomaalla heinäkuussa 1944. Tunnukset on himmennetty laivueessa. Pyrstössä on keltainen viitonen ja kaksi valkoista raitaa. Koneiden alapuolet ovat vaalean sinisiä (Tekijän kokoelmat).

(Top) Brewster BW-375 of 1/HLeLv 26 at Immola in June 1944 in standard camouflage of 1943 vintage. (Centre) Chaika IT-31 of 1/TLeLv 16 at Värtsilä in July 1944. (Bottom) Curtiss CU-575 of HLeLv 44 at Uomaa in July 1944. The insignia were subdued at the unit. There is a yellow five and two white stripes on the tail. All planes are light blue underneath.

(Ylhäällä) LeSK:n tehdasuusi Fokker FR-171 Kauhavalla elokuussa 1944 tyypillisessä ajan maalauksessa (K-SIM). (Keskellä) HLeLv 32:n Curtiss P-40M kone KH-51 Mensuvaarassa elokuussa 1944. Koneesta puuttuu musta väri yläpuolelta (Tekijän kokoelmat). (Alhaalla) 2/PLeLv 48:n Blenheim BL-120 Vesivehmaalla syyskuussa 1944 ennen keltaisten merkkien poistoa. Pyrstössä on laivueen A tunnus ääriviivavalkoisella (IMY).

(Top) Factory new Fokker FR-171 of LeSK at Kauhava in August 1944 in typical contremporary painting. (Centre) Curtiss P-40M serialled KH-51 of HLeLv 32 at Mensuvaara in August 1944. There is no black camouflage paint. (Bottom) Blenheim BL-120 of 2/PLeLv 48 at Vesivehmaa in September 1944 before the removal of the yellow markings. A white outline A on the tail was the squadron identification.

(Ylhäällä) PLeLv 44:n Junkers JK-266 Kemissä lokakuussa 1944. Koneessa on 3. lentueen keltaiset värit, itärintamatunnukset ovat poissa (O. Toivanen). (Keskellä) 2/PLeLv 48:n Petljakov PE-211 Vesivehmaalla 16.9.44 täysissä laivuetunnuksissa (E. Lähde). (Alhaalla) PLeLv 44:n Junkers W 34hi kone JU-135 lokakuussa Kemissä 1944. Värit ovat samat kuin JK-koneissa, saksalaiset 70-71/65 (E. Jauri).

(Top) Junkers JK-266 of PLeLv 44 at Kemi in October 1944. The plane wears the yellow colours of the 3rd Flight, eastern front markings are gone. (Centre) Petlyakov PE-211 of 2/PLeLv 48 at Vesivehmaa on 16 September 1944 in full squadron insignia. (Bottom) Junkers W 34hi coded JU-135 of PLeLv 44 at Kemi in October 1944. Colours are the same as in JK-planes, German greens 70 and 71 on top and light blue 65 on bottom.

(Ylhäällä) HLeLv 26:n Brewster BW-355 starttaa Onttolasta 2.10.44 (C-E. Bruun). (Keskellä) HLeLv 21:n Mörkö-Morane MSv-633 Rissalassa maaliskuussa 1945 juuri ennen hakaristien vaihtoa kokardiksi (A. Bremer). (Alhaalla) TLeLv 12:n VL Myrsky II tunnuksella MY-25 Kemissä 24.10.44. Pyrstonumero on keltainen (M. Terävä).

(Top) Brewster BW-355 of HLeLv 26 taking off at Onttola on 2 October 1944. (Centre) Mörkö-Morane MSv-633 of HLeLv 21 at Rissala in March 1945, just before the swastika was changed to the roundel. (Bottom) VL Myrsky II serialled MY-25 at Kemi on 24 October 1944. Tail number is yellow 13538.

(Ylhäällä) HLeLv 13:n Fokker maalinhinauskone FK-111 Porissa syksyllä 1946 (K-SIM). (Keskellä) PLeLv 43:n Junkers JK-257 Luonetjärvellä kesällä 1946 (Sotamuseo). (Alhaalla) Luonetjärven PLeLv 41:n Blenheim BL-205 kesällä 1946. Kaikki koneet ovat sotamaalauksessa (Sotamuseo).

(Top) Fokker target-tow FK-111 of HLeLv 13 at Pori in autumn 1946. (Centre) Junkers JK-257 of PLeLv 43 at Luonetjärvi in summer 1946. (Bottom) Blenheim BL-205 of PLeLv 41 based at Luonetjärvi in summer 1946. All aircraft are still in the war paint.

(Ylhäällä) Rissalan HLeLv 21:n kone MSv-321 kesällä 1947 (IMY). (Keskellä) HLeLv 13:n Myrsky MY-44 Porissa syksyllä 1946. Kokardit ovat 1.4.45 määräystä suuremmat (K-SIM). (Alhaalla) LeSK:n FIAT FA-18 Kauhavalla vuoden 1945 lopussa. Vakaajaan on merkitty tällä koneella sodassa saadut ilmavoitot (K-SIM).

(Top) Mörkö-Morane MSv-321 of HLeLv 21 based at Rissala in summer 1947. (Centre) Myrsky MY-44 of HLeLv 13 at Pori in autumn 1946. The roundels are larger than regulated on 1 April 1945. (Bottom) FIAT FA-18 of LeSK at Kauhava in late 1945. The fin carries the victories gained in this aircraft in the Contination War.

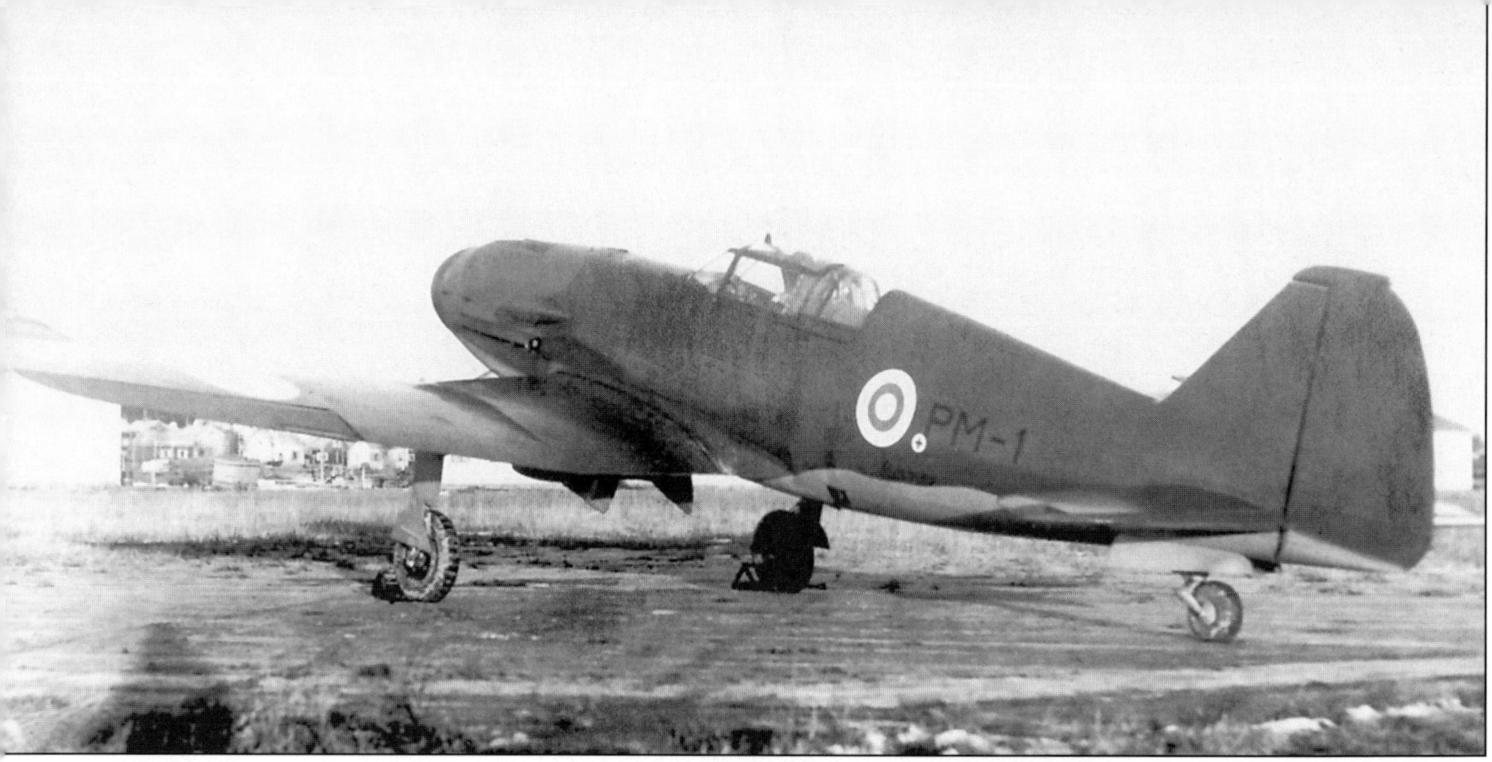

(Ylhäällä) Pyörremyrsky PM-1 lentokonetehtaalla Tampereella syksyllä 1945. Kone on päältä oliivin vihreä ja alta vaalean sininen (Valmet). (Keskellä) IlmaSK:n Stigu SZ-21 laskeutuu Malmille kesällä 1959. Runko on oliivin vihreä ja siivet sekä pyrstö oranssia (IMY). IlmaSK:n Pyry PY-16 laskussa Kauhavalle kesällä 1960. Runko on oliivin vihreä ja lentopinnat oranssia (V. Salo).

(Top) Pyörremyrsky PM-1 at the factory at Tampere in autumn 1945. Topside in olive gree 34096 and bottom light blue 35414. (Centre) Stigu SZ-21 of IlmaSK landing to Malmi in summer 1959. The fuselage in olive green 24096 and the rest orange 22215. (Bottom) Pyry PY-16 of IlmaSK landing to Kauhava in summer 1960. The fuselage is olive green and flying surfaces orange.

(Ylhäällä) HLeLv 23:n Mersu MT-487 Rissalassa kesällä 1947, edelleen harmaissa 74-75/76 väreissä (Tekijän kokoelmat). (Keskellä) HLeLv 33:n kilpakone MT-402 Utissa juhannuksena 1950. Merkinnät ovat puna-valkosia (V. Salminen). (Alhaalla) PLeLv 41:n kone MT-505 Luonetjärvellä nk. Turkin sodassa elokuussa 1950. Merkinnät ovat valkoiset. Jälkimmäiset Mersut ovat päältä oliivin vihreitä ja alta vaalean sinisiä (Ilmavoimat).

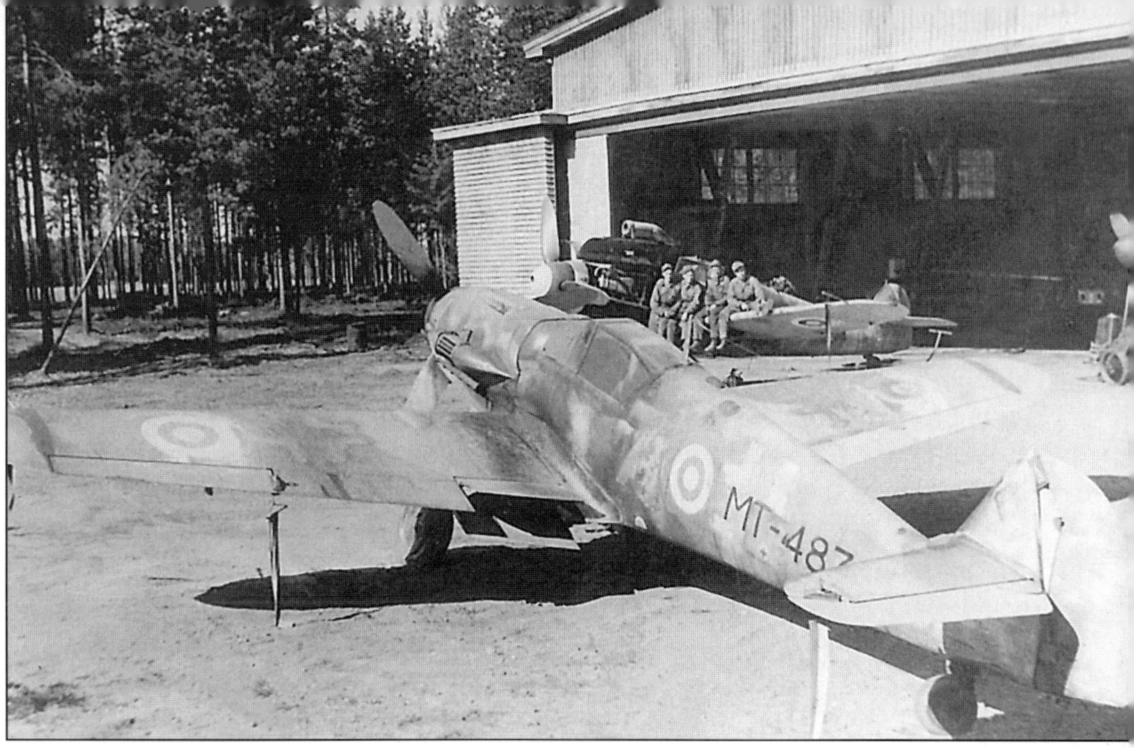

(Top) Mersu MT-487 of HLeLv 23 at Rissala in summer 1947, still in German greys 74-75/76. (Centre) MT-402 racer of HLeLv 33 at Utti in mid-summer 1950. The markings are red and white. (Bottom) MT-505 of PLeLv 41 at Luonetjärvi in the so called Turkki War in August 1950. The markings are white. The two latter Messerschmitts are olive green 34096 above and light blue 35414 below.

TOINEN HOPEINEN KAUSI

Metallin luonnollinen pinta esiintyi ensi kerran Valmet Vihurin (VH-1) prototyypissä, joka valmistui tammikuussa 1951. Maailmallakin vallinnut metallipintainen käytäntö jatkui kolmisen vuotta myöhemmin myös ensimmäisen VH-sarjan koneissa. Vuonna 1956 valmistuneet toisen sarjan koneet olikin sitten maalattu alumiinihopealla (27178), mitä aiemmin oli käytetty muutamassa BL-koneessa.

Tammikuussa 1953 lennettiin ensimmäiset De Havilland Vampire Mk.52 (VA) suihkuhävittäjät Suomeen ja ajan hengen mukaan koneet oli kokonaan maalattu alumiinihopealla/Aluminium (27178). Myös 2-paikkaisissa Vampire Trainer Mk.55 (VT) koneissa oli samanlainen pinta.

Hävittäjäkalustoa uusittaessa hankittiin Englannista Folland Gnat Mk.1 koneita, jotka toimitettiin elokuusta 1958 lähtien. Ne oli maalattu alkuperämaan voimassaolevan käytännön mukaan, päältä tumman vihreällä/Dark Green BS 381C:641 (24079) ja tumman harmaalla/Dark Sea Grey BS 381C:638 (26173) ja alta alumiinihopealla/High Speed Aluminium (17178).

Samana vuonna jatkokoulutuskoneeksi tulleet ranskalaiset Fouga CM 170 Magister (FM) koneet olivat metallipintaisia, kuten täällä myöhemmin lisenssillä rakennetut.

Samaan aikaan saapuneet alkeiskoulukoneet tyypiltään Saab 91D Safir (SF) oli maalattu kauttaaltaan alumiinihopealla (27178) yksivärisin koristeraidoin. Koneissa SF-1 - 5 väri oli musta, SF-6 - 10 lilanpunainen, SF-11 - 15 vihreä ja SF-16 - 20 keltainen.

Syyskuussa 1959 maalattiin Ilmasotakoulun SF-koneisiin rekisterinumero myös suurena pyrstöön sekä lisättiin loisteoranssi (28913) väri moottoripeltiin, siiven kärkiin ja peräsimiin. Seuraavana vuonna oranssi siirrettiin kangasverhouksen kiristyslakan löystymisen takia metallipinnoille, eli nokkaan, siiven kärkiin ja etureunaan, vakaajiin ja takarunkoon. Myös FM-koneet saivat oranssiset alueet vastaaviin paikkoihin.

Kirkas ja kiiltävä pinta oli myös helikoptereita lukuunottamatta kaikissa muissa 1960-luvulla hankituissa lentokoneissa.

(Ylhäällä) 1. Lennoston Blenheim BL-199 Helsinki-Vantaa lentoasemalla kesällä 1956. Kone on maalattu alumiinihopealla. Katso yksikkötunnukset sivulta 162 (M. Wikman). (Alhaalla) Alumiinihopean värinen Kuljetuslaivueen Hunting Pembroke Mk.53 kone PR-1 Utissa kesällä 1963 (M. Wikman).

(Top) Blenheim BL-199 of 1. Lsto at Helsinki-Vantaa airport in summer 1956. The machine is painted in aluminium. See unit's emblems on page 162. (Bottom) Aluminium painted Hunting Pembroke Mk.53 serialled PR-1 of KuljLv at Utti in summer 1963.

(Ylhäällä) Valmet Vihurin prototyyppi VH-1 Tampereella kesällä 1952. Evässä on musta prototyypin merkki (Valmet). (Keskellä) HävLv 33:n Vihuri VH-20 kesällä 1956. Koneessa on tumman vihreä suojamaalauskokeilu (Tekijän kokoelmat). (Alhaalla) 2. Lennoston De Havilland Vampire Mk.52 hävittäjä VA-3 Porissa 1950-luvun puolivälissä. Kone on ympäriinsä alumiinihopeaa (Tekijän kokoelmat).

(Top) The prototype VH-1 of Valmet Vihuri at Tampere in summer 1952. Fin carries the British style prototype marking in black. (Centre) Vihuri VH-20 of HävLv 33 during summer 1956. The plane wears an experimental dark green camouflage. (Botom) De Havilland Vampire Mk.52 fighter VA-3 of 2. Lsto at Pori in mid-1950s. Overall colour is aluminium.

(Ylhäällä) Kuljetuslentolaivueen Douglas C-47A kone DO-6 Utissa kesällä 1980. ILMAVOIMAT teksti ja koristeraidat ovat sinisiä (K. Niska). (Keskellä) IlmaSK:n Saab 91D Safir kone SF-3 Kauhavalla vuoden 1960 alussa. Mustaa koristemaalia on nokassa, rungossa, siipien ja peräsinten päissä (Tekijän kokoelmat). (Alhaalla) KarLsto:n maalinhinauskone Saab 17A tunnuksella SH-2 Utissa heinäkuussa 1960. Kone on kauttaaltaan keltainen tumman punaisin lisämerkinnöin (Tekijän kokoelmat).

(Top) Douglas C-47A transport DO-6 of KuljLLv at Utti in summer 1980. The ILMAVOIMAT (Air Force) inscription and decoration bands are blue 25090. (Centre) Saab 91D Safir SF-3 of IlmaSK at Kauhava in early 1960. Black decorations are painted on nose, fuselage and tip of flying surfaces. (Bottom) Saab 17A target-tow SH-2 of KarLsto at Utti in July 1960. The plane is in overall yellow 23655 with dark red 21090 markings.

(Ylhäällä) HävLLv 31:n Mikojan MiG-15UTI kone MU-4 Rissalassa 10.11.62 (SA-kuva). (Keskellä) HävLLv 31:n Fouga CM 170R Magister FM-5 Rissalassa heinäkuussa 1973 (Tekijän kokoelmat). (Alhaalla) KuljLv:n Iljushin Il-28 kone NH-1 Utissa vuoden 1963 alussa. Ylimmät koneet ovat metallipintaisia, alin alumiinihopeinen (SA-kuva).

(Top) Mikoyan MiG-15UTI serialled MU-4 on arrival to HävLLv 31 at Rissala on 10 November 1962. (Centre) Fouga CM 170R Magister FM-5 of HävLLv 31 at Rissala in July 1973. (Bottom) Ilyushin Il-28 serialled NH-1 at Utti in early 1963. Two upper aircraft are in natural metal finish and the lower one is in alunminium paint.

MAASTOMAALAUSTA

Ilmavoimiemme ensimmäinen helikopterityyppi oli neuvostoliittolaisella Mil Mi-1:n lisenssillä Puolassa rakennettu SM-1 (HK), joka tuli käyttöön maaliskuussa 1961. Hekot oli maalattu päältä venäläisittäin tumman vihreällä (24095) ja alta vaalean sinivihreällä (24233). Samoin oli myös maalattu puoli vuotta myöhemmin tulleet Mil Mi-4 (HR) helikopterit.

Metallipintaisten neuvostolaisten Mikojan MIG-21F-13 (MG) hävittäjien rinnalle hankittiin lännestä toukokuusta 1972 alkaen ruotsalaisia eri tyyppisiä Saab 35 Draken (DK) hävittäjiä, joissa oli alkuperän mukainen vakiomaalaus, yläpinnat olivat tumman siniharmaita/Mörkblå 438 (26076) ja tumman vihreitä/Mörkt Olivgrön 328 (24086) sekä alta rungon takaosa alumiinihopeaa ja muuten vaalean siniharmaata/Blågrå 058 (36250). 2-paikkaisissa DK-koneissa säilytettiin metallipinta.

Yhdysvalloissa taktisessa käytössä olevat lentokoneet saivat maastomaalauksen, osittain Vietnamin sodan takia, vuonna 1964. Euroopassa suurvalloista Britannia liittyi tähän joukkoon vuonna 1969 ja Neuvostoliitto kumppaneineen muutamaa vuotta myohemmin.

Toukokuussa 1973 saapuneet ensimmäiset venäläiset raskaat Mil Mi-8 (HS) helikopterit oli maalattu kauttaaltaan tumman vihreällä (34098). Sittemmin koptereissa on esiintynyt useita eri sävyisiä vihreitä värejä.

Syksyllä 1973 kansainvälistä mallia seuraten otettiin käyttöön DO-kuljetuskoneissa 53 cm korkea sininen (15090) ILMAVOIMAT teksti, joka tarroitettiin rungon yläosaan. Myöhemmin sekä osa helikoptereista että yhteyskoneista merkittiin samoin, teksti oli kullekin tyypille eri korkuinen ja värinä käytettiin myös mustaa tai valkoista.

Koululutustarpeen kasvaessa hankittiin Neuvotoliitosta kaksi Mikojan MiG-21UM konetta, jotka saapuivat kesäkuussa 1974. Koneissa oli Suomessa suunniteltu suojamaalaus, jossa yläpuolella oli väreinä tumman ruskea (20059) ja oliivin vihreä (24064) alapuolen ollessa vaalean siniharmaa (24233).

Kaksi uutta Mikojan MiG-21BIS (MB) hävittäjää ennakoivat saapuessaan syyskuussa 1978 tulevaa yleistä suojamaalausta, joka Migeihin määrättiin 14.3.78. Koneiden yläpuolet olivat lähes mustalla (20108) ja tumman vihreällä (24127) kuvioinnilla alapuolten ollessa vaalean harmaita (26373). Myöhemmin tulleet koneet saivat MG-tunnukset ja koneiden maalauksessa sekä värisävyt että naamiontikuviot vaihtelivat melkoisesti.

Hävittäjälentolaivue 11:n Folland Gnat Mk.I valokuvauskone GN-112 Luonetjärvellä kesällä 1962. Kone on päältä brittien tumman vihreää ja harmaata sekä alta alumiinihopeaa (SA-kuva).

Folland Gnat Mk.I recce fighter GN-112 of HävLLv 11 at Luonetjärvi in summer 1962. Upper sides are in British Dark Green 641, 24079 - Dark Sea Grey 638, 26173 and lower surfaces in High Speed Aluminium 17178.

(Ylhäällä) Kuljetuslentolaivueen SM-1 SZ (Mil Mi-1) helikopteri HK-1 Utissa kesällä 1963. Kone on päältä tumman vihreä ja alta vaalean siniharmaa. Nokka ja pyrstö ovat loisteoranssia. Ohjaamon takana on lentueen tunnus, katso sivu 95 (SA-kuva). (Keskellä) KuljLLv:n Mil Mi-4 kopteri HR-1 Utissa 1970-luvun alussa. Värit ovat kuten edellä (E. Kivikero). (Alhaalla) KuljLLv:n Mil Mi-8T helikopteri HS-3 Helsinki-Vantaalla kesällä 1974. Kone on yksivärinen tumman vihreä. Rekisterimerkit ovat 29.11.68 määrätyllä tyylillä (K. Niska).

(Top) SM-1 SZ (Mil Mi-1) helicopter HK-1 of KuljLLv at Utti in summer 1963. Upper side is dark green 24095 and lower side light blue grey 24233. Nose and tail were day-glo orange 28903. The flight badge is behind the cockpit, see page 95. (Centre) Mil Mi-4 chopper HR-1 of KuljLLv at Utti in early 1970s. Colours as above. (Bottom) Mil Mi-8T helicopter HS-3 of KuljLLv at Helsinki-Vantaa in summer 1974. Colour is overall dark green 34098. Serials are according the 29 November 1968 regulation.

(Ylhäällä) Ensimmäinen HävLLv 31:n Mikojan MiG-21F-13 hävittäjä MG-1 Rissalassa 24.4.63 (Lehtikuva). (Keskellä) HävLLv 31:n kone MG-49 Hallissa huhtikuussa 1973. Molemmat koneet ovat metallipintaisia (J. Laukkanen). (Alhaalla) HävLLv 31:n vaalean harmaa MG-61 Rissalassa elokuussa 1974 (K. Niska).

(Top) The first Mikoyan MiG-21F-13 fighter MG-1 of HävLLv 31 at Rissala on 24 April 1963. (Centre) Mikoyan MG-49 of HävLLv 31 at Halli in April 1973. Both planes wear a natural metal finish. (Bottom) Light grey MiG serialled MG-61 of HävLLv 31 at Rissala in August 1974.

(Ylhäällä) HävLLv 11:n Saab 35BS Draken DK-210 Oulunsalossa kesäkuussa 1980. Kone on päältä mustan sininen - tumman vihreä ja alta vaalean siniharmaata ja alumiinihopeaa (H. Valtonen). (Keskellä) HävLLv 21:n Saab 35FS kone DK-265 Oulunsalossa kesäkuussa 1990. Värit kuten yllä (J. Laukkanen). (Alhaalla) Valmetin kokoama Saab 35S tunnuksella DK-201 koelennolla metallipintaisena keväällä1974 (Sotamuseo).

(Top) Saab 35BS Draken coded DK-210 of HävLLv 11 at Oulunsalo in June 1980. The machine is black blue/Mörkblå 438, 26076 - dark green/Mörkt Olivgrön 328, 24086 above and light blue grey/Blågrå 058 and aluminium bottom. (Centre) Saab 35FS serialled DK-265 of HävLLv 21 at Oulunsalo in June 1990. Colours as above. (Bottom) Valmet assembled Saab 35S coded DK-201 in natural metal finish on a test flight in spring 1974.

TAKAISIN SUOJAMAALAUKSEEN

Vuoden 1976 lopulla tehtyä British Aerospace Hawk Mk 51 (HW) suihkuharjoituskoneiden hankintapäätöstä seurasi suomalaisen suoja- tai naamiointimaalauksen suunnittelu. Hawk-maastomaalaus päätettiin 31.12.77 tilaussopimuksessa. Värikaavio laadittiin täällä ja värisävyt otettiin englantilaisesta British Standard 381C:stä. Yläpuolelle tuli tumman ruskea/Very Dark Drab 437 (24064) ja vihreä/Light Bronze Green 222 (24151) ja alapuolelle vaalean harmaa/Light Aircraft Grey 627 (26440). Tämä maastomaalaus muistutti paljon lähes 40 vuotta aikaisemmin käytettyä sotamaalausta.

Ensimmäisenä otettiin käyttöön tähän kaavioon maalattuna hollantilaiset Fokker F.27 Friendship (FF) kuljetuskoneet elokuussa 1980. Vielä samana vuonna saapuivat ensimmäiset HW-koneet ja joitakin yhteyskoneita lukuunottamatta kaikki ilmavoimien koneet maalattiin ajan mittaan näillä tai näiden kaltaisilla väreillä.

Loisteoranssiset (28913) teippinauhat olivat korvanneet FM-koneissa maalin jo vuodesta 1973 ja teipit kiinnitettiin myös VN-koneisiin. Vuodesta 1982 lähtien VN-koneet saivat suuret pyrstönumerot ja teippiraidat korvattiin vuonna 1990 runsaalla oranssilla (28913) värillä siiven kärjissä ja pyrstössä.

Syyskuusta 1988 alkaen käytettiin kotimaisia Teknos & Winterin IV-värejä, jolloin sävyiksi tuli tumman ruskea (30040), vihreä (34102) ja vaalean harmaa (36440). 5.2.90 käskettiin HW-koneiden ylä- ja alapuolen värien rajaa kyljessä siirtää alas suoraksi koneen häivyttämiseksi maastoa vasten.

Koelentokeskuksessa suunniteltiin nimenomaisesti kirjavalle MG-kalustolle symmetrinen vakiomaalauskaavio, johon ensin maalattiin MG-114 keväällä 1991 käyttäen kotimaisia IV-värejä. Sitä seurasivat MG-128 ja MK-126, mutta pidemmälle ei päästy koneiden lyhyen jäljellä olevan käyttöiän takia.

Vuonna 1981 Yhdysvalloissa aloitettiin taktisten harmaitten värien käyttö hävittäjä- ja rynnäkkökoneiden maalauksessa tarkoituksena visuaalisen havainnoinnin vaikeuttaminen eri lentokorkeuksissa. Muutaman vuoden sisällä samantyyppinen maalaus levisi monien muiden maiden lentokaluston pinnoille.

Suomessa maalattiin yksi kone (HW-344) elokuussa 1990 päältä tumman harmaalla/Dark Sea Grey BS 381C:638 (36173) ja alta harmaalla/Medium Sea Grey BS 381C:637 (36270). Käytetyt sävyt tosin olivat hieman vaaleampia kuin spesifikaatissa, eli (36176) ja

KuljLLv:n Fokker F.27 Friendship FF-1 kaartaa Kauhavalla 19.6.81. Koneessa on tumman ruskea - vihreä yläpuoli ja vaalean harmaa alapuoli. Maalaus on Suomessa suunniteltu ja 31.12.77 hyväksytty, sävyt ovat englantilaisia (K. Niska).

Fokker F.27 Friendship FF-1 of KuljLLv banks at Kauhava on 19 June 1981. The ship is in Very Dark Drab 437, 24064 - Light Bronze Green 222, 24151 upper colours and Light Aircraft grey 627, 26440 lower colour. The scheme was designed in Finland and approved on 31 December 1977, the colour hues are British.

(36373). 12.9.90 määrättiin Hawkit maalattavaksi näin suurempien huoltojen yhteydessä.

Seuraavassa huhtikuussa maalattiin toinen kone (MK-105) vaaleammilla harmailla, päältä harmaalla/Medium Sea Grey BS 381C:637 (36270) ja alta vaalean harmaalla/Light Aircraft Grey BS 381C:627 (36440).

Valmetilta valmistuva L-90 TP Redigo (RG) yhteyskoneiden sarja maalattiin HW-koneen harmailla ensimmäisen koneen saapuessa ilmavoimille toukokuussa 1992. Samoin maalattiin uudet Hawk Mk 51A koneet. Poistuva hävittäjäkalusto sen sijaan säilyttää taktisen maalauksensa loppuun asti.

Korvaavaksi hävittäjäksi valittiin toukokuussa 1992 amerikkalainen McDonnell Douglas F-18 Hornet (HN), jonka yksipaikkaisia F-18C versioita tilattiin 57 ja kaksipaikkaisia F-18D malleja seitsemän kappaletta. Ensimmäisenä lennettiin Yhdysvalloista neljä kaksipaikkaista HN-konetta, jotka saapuivat maahamme 7. marraskuuta 1995.

Koneissa oli Yhdysvaltain laivaston ilmavoimien käyttämä taktinen väritys, yläpuolella harmaa/ Compass Gray (36320) ja alapuolella vaalean harmaa/Light Ghost Gray (36375). Samat värit maalataan muihinkin pääosin Suomessa koottaviin F-18C koneisiin, joista ensimmäinenä lensi yksipaikkainen (HN-401) 14. toukokuuta 1996.

(Ylhäällä) KuljLLv:n Gates Learjet 35A tunnuksella LJ-2 Helsinki-Vantaalla 16.6.94 (K. Niska). (Alhaalla) IlmaSK:n Valmet Vinka kone VN-23 Kauhavalla toukokuussa 1983. Kummassakin koneessa on brittivärit: tumman ruskea - vihreä päällä ja vaalean harmaa alla (J. Nikula).

(Top) Gates Learjet 35A coded LJ-2 of KuljLLv at Helsinmi-Vantaa on 16 June 1994. (Bottm) Valmet Vinka serialled VN-23 of IlmaSK at Kauhava in May 1983. Both aircraft are having the British colours: Very Dar Drab 437, 24064 - Light Bronze Green 222, 24151 on top and Light Aircraft Grey 627, 26440 on bottom.

(Ylhäällä) HävLLv 31:n Mikojan MiG-21BIS hävittäjä MG-132 Rissalassa elokuussa 1982 (K. Niska) (Keskellä) HävLLv 31:n kone MG-119 Hallissa syyskuussa 1991 (J. Laukkanen). (Alhaalla) HävLLv 31:n kone MG-118 Rissalassa elokuussa 1989. Eri toimituserissä Migien sekä värit että kaaviot poikkesivat paikoin runsaasti toisistaan (K.Niska).

(Top) Mikoyan MiG-21BIS fighter MG-132 of HävLLv 31 at Rissala in August 1982. (Centre) MG-119 of HävLLv 31 at Halli in September 1991. (Bottom) MG-118 of HävLLv 31 at Rissala in August 1989. Both the camouflage pattern and colours differed quite a lot from one delivery batch to another.

(Ylhäällä) IlmaSK:n BAe Hawk Mk 51 kone HW-331 Kauhavalla 22.6.85 (J. Nikula) (Keskellä) KoeLntK:n Hawk HW-305 Hallissa toukokuussa 1992. Vakaajassa on ilmavoitot. (J. Laukkanen). (Alhaalla) HävLLv 21:n Hawk Mk 51A kone HW-352 käymässä Turussa 16.8.94. Kone on päältä harmaa ja alta vaalean harmaa (K. Niska).

(Top) BAe Hawk Mk 51 coded HW-331 of IlmaSK at Kauhava on 22 June 1985. (Centre) Hawk HW-305 of KoeLntK at Halli in May 1992. The fin carries the aerial victories. (Bottom) Hawk Mk 51A serialled HW-352 of HävLLv 21 at Turku on 16 August 1994. The plane is Dark Sea Grey 638, 36173 above and Medium Sea Grey 637, 36270 below.

(Ylhäällä ja keskellä) Ensimmäinen Suomeen saapunut McDonnell Douglas F-18D Hornet tunnuksella HN-464 Tampereella 7.11.95 (K. Niska) (Alhaalla) Ensimmäinen Suomessa koottu F-18C kone HN-401Hallissa toukokuussa 1996. Koneet ovat päältä harmaita ja alta vaaleamman harmaita (J. Laukkanen).

(Top and centre) The first McDonnell Douglas F-18D Hornet coded HN-464 after arrival to Finland at Tampere on 7 November 1995. (Below) The first F-18C Hornet HN-401 assembled in Finland seen at Halli in May 1996. Both aircraft are in US colours, Compass Gray 36320 on upper side and Light Ghost Gray 36375 on lower side.

(Ylhäällä) 1/LeLv 32:n Fokkerit FR-108 ja 90 Utissa heinäkuussa 1941(SA-kuva). (Keskellä) 1/LeLv 12:n Fokker FR-83 Nurmoilassa lokakuussa 1943 (SA-kuva). (Alhaalla) 1/LeLv 28:n Moranet MS-637 ja 328 Ladvassa syyskuussa 1943 (SA-kuva).

(Top) Fokker D.XXIs FR-108 and 90 of 1/LeLv 32 at Utti in July 1941. (Centre) Fokker FR-83 of 1/LeLv 12 at Nurmoila in October 1943. (Bottom) Morane-Saulnier M.S. 406s MS-637 and 328 of 1/LeLv 28 at Ladva in September 1943.

(Ylhäällä) 2/LeLv 24:n Brewster BW-384 Tiiksjärvellä syyskuussa 1942 (P. Ervi). (Keskellä) LeLv 32:n Curtiss CU-577 Nurmoilassa lokakuussa 1943 (SA-kuva) (Alhaalla) 3/LeLv 34:n Mersut MT-229 ja 218 Malmilla kesäkuussa 1943 (Messerschmitt AG).

Brewster Model 239 BW-384 of 2/LeLv 24 at Tiiksjärvi in September 1942. (Centre) Curtiss Hawk 75A CU-577 of LeLv 32 at Nurmoila in October 1943. (Bottom) Messerschmitt Bf 109 G-2s MT-229 and 218 of 3/LeLv 34 at Malmi in June 1943.

(Ylhäällä) 1/LeLv 46:n Dornier DN-63 Tiiksjärvellä syyskuussa 1942 (P. Ervi). (Keskellä) LeLv 48:n Iljushin valokuvauskone DB-13 Tiiksjärvellä syyskuussa 1942 (P. Ervi). (Alhaalla) 3/PLeLv 46:n Iljushin pommittaja DF-25 Luonetjärvellä huhtikuussa 1944 (SA-kuva).

(Top) Dornier Do 17 Z-3 DN-63 of 1/LeLv 46 at Tiiksjärvi in September 1942. (Centre) Ilyushin DB-3M photoplane DB-13 of LeLv 48 at Tiiksjärvi in September 1942. (Bottom) Ilyushin Il-4 bomber DF-25 of 3/PLeLv 46 at Luonetjärvi in April 1944.

(Ylhäällä) T-LeLv 17:n Blenheim BL-111 laskeutuu Luonetjärvelle maaliskuussa 1944 (SA-kuva). (Keskellä) T-LeLv 17:n Blenheim BL-115 Luonetjärvellä maaliskuussa 1944 (SA-kuva). (Alhaalla) T-LeLv 17:n Tupolev koulutuskone SB-6 Luonetjärvellä maaliskuussa 1944 (SA-kuva).

(Top) Bristol Blenheim I BL-111 of T-LeLv 17 landing at Luonetjärvi in March 1944. (Centre) Blenheim BL-115 of T-LeLv 17 at Luonetjärvi in March 1944. (Bottom) Tupolev USB trainer SB-6 of T-LeLv 17 at Luonetjärvi in March 1944.

(Ylhäällä) 2/LeLv 44:n Junkers JK-262 Onttolassa kesäkuussa 1943 (O. Toivanen). (Keskellä) 3/LeLv 44:n Junkers JK-266 Onttolassa kesäkuussa 1943 (O. Toivanen). (Alhaalla) 3/LeLv 15:n Junkers JU-128 Pohjois-Suomessa helmikuussa 1942 (Suomalaisen Kirjallisuuden Seura).

(Top) Junkers Ju 88 A-4 JK-262 of 2/LeLv 44 at Onttola in June 1943. (Centre) Ju 88 JK-266 of 3/LeLv 44 at Onttola in June 1943. (Bottom) Junkers K 43 JU-128 of 3/LeLv 15 in northern Finland in February 1942.

(Ylhäällä) HävLv 33:n Mersu MT-456 Utissa kesällä 1953 (M. Wikman). (Keskellä) HävLv 33:n Vihuri VH-3 Utissa kesällä 1956 (M. Wikman). (Alhaalla) KuljLv:n käytössä ollut Pembroke PR-2 Tampereella heinäkuussa 1972 (K. Niska).

(Top) Messerschmitt Bf 109 G-6 MT-456 of HävLv 33 at Utti in summer 1953. (Centre) Valmet Vihuri II VH-3 of HävLv 33 at Utti in summer 1956. (Bottom) Hunting Percival Pembroke Mk.53 PR-2 used by KuljLv seen at Tampere in July 1972.

(Ylhäällä) HävLv 33:n Pyry PY-28 Utissa elokuussa 1953 (M. Wikman). (Keskellä) IlmaSK:n Stieglitz rivistö vierailulla Utissa kesällä 1953 (M. Wikman). (Alhaalla) EsikLtue:en Beaver BV-1 Malmilla kesäkuussa 1972 (K. Niska).

(Top) VL Pyry PY-28 of HävLv 33 at Utti in August 1953. (Centre) Focke Wulf Fw 44 J Stieglitz line-up of IlmaSK on a visit to Utti in summer 1953. (Bottom) De Havilland DHC-2 Beaver BV-1 of EsikLtue at Malmi in June 1972.

(Ylhäällä) Vampire VA-1 komennuksella HävLv 33:ssa Utissa maaliskuussa 1954 (M. Wikman). (Keskellä) HävLLv 11:ssä palvellut Gnat GN-101 Luonetjärvellä heinäkuussa 1978. 6.3.59 kone sai nimen "Kreivi von Rosen" (K. Niska). (Alhaalla) HävLLv 11:ssä palvellut Gnat valokuvauskone GN-112 Luonetjärvellä heinäkuussa 1978 (K. Niska).

(Top) De Havilland Vampire Mk.52 VA-1 posted to HävLv 33 at Utti in March 1954. (Centre) Folland Gnat Mk.1 GN-101 used by HävLLv 11 seen at Luonetjärvi in July 1978. On 6 March 1959 it was baptized Count von Rosen. (Bottom) Gnat photoplane GN-112 used by HävLLv 11 seen at Luonetjärvi in July 1978.

(Ylhäällä) KuljLv:n Iljushin maalinhinauskone NH-1 Utissa kesällä 1962 (V. Salo). (Keskellä) KuljLLv:n Il-28R kone NH-2 Utissa syyskuussa 1975 (K. Niska). (Alhaalla) HävLLv 31:n MiG-15UTI harjoitushävittäjä MU-3 Rissalassa kesällä 1968 (V. Salo).

(Top) Ilyushin Il-28 target-tow NH-1 of KuljLv at Utti in summer 1962. (Centre) Il-28R NH-2 of KuljLLv at Utti in September 1975. (Bottom) Mikoyan MiG-15UTI trainer MU-3 of HävLLv 31 at Rissala in summer 1968.

(Ylhäällä) IlmaSK:n Safir SF-10 Rissalassa keväällä 1960 (V. Salo). (Keskellä) IlmaSK:n Safir SF-16 Räyskälässä kesäkuussa 1976 (K. Niska). (Alhaalla) Koelentokeskuksen Piper PA-11 tammikuussa 1992 (J. Laukkanen).

(Top) Saab 91D Safir SF-10 of IlmaSK at Rissala in spring 1960. (Centre) Safir SF-16 of IlmaSK at Räyskälä in June 1976. (Bottom) Piper PA-28 Arrow IV PA-11 of KoeLntK in January 1992.

(Ylhäällä) HävLLv 11:n Piper PA-1 Kauhavalla kesäkuussa 1978 (K. Niska). (Keskellä) Koelentueen Piper PA-2 toukokuussa 1991 (J. Laukkanen). (Alhaalla) HävLLv 21:n Piper PA-5 Utissa maaliskuussa 1986 (J. Laukkanen).

(Top) Piper PA-28 Arrow II PA-1 of HävLLv 11 at Kauhava in June 1978. (Centre) Piper PA-2 of KoeLtue in May 1991. (Bottom) Piper PA-5 of HävLLv 21 at Utti in March 1986.

(Ylhäällä) IlmaSK:n Fouga FM-45 huhtikuussa 1986 (J. Laukkanen). (Keskellä) HävLLv 11:n Fouga FM-39 Kauhavalla heinäkuussa 1974 (K. Niska). (Alhaalla) IlmaSK:ssa maalattu Fouga FM-38 Hallissa kesäkuussa 1987 (J. Laukkanen).

(Top) Fouga CM 170 Magister FM-45 of IlmaSK in April 1986. (Centre) Fouga FM-39 of HävLLv 11 at Kauhava in July 1974. (Bottom) Fouga FM-38 painted at IlmaSK seen at Halli in June 1987.

(Ylhäällä) HävLLv 21:n Fouga FM-53 Kauhavalla kesäkuussa 1977 (K. Niska). (Keskellä) TiedLLv:n kenraali-Fouga FM-39 Hallissa toukokuussa 1986 (J. Laukkanen). (Alhaalla) FM-38:n nokka (J. Laukkanen).

(Top) Fouga FM-53 of HävLLv 21 at Kauhava in June 1977. (Centre) C-in-C Fouga FM-39 of TiedLLv at Halli in May 1986. (Bottom) Close-up of the nose of Fouga FM-38.

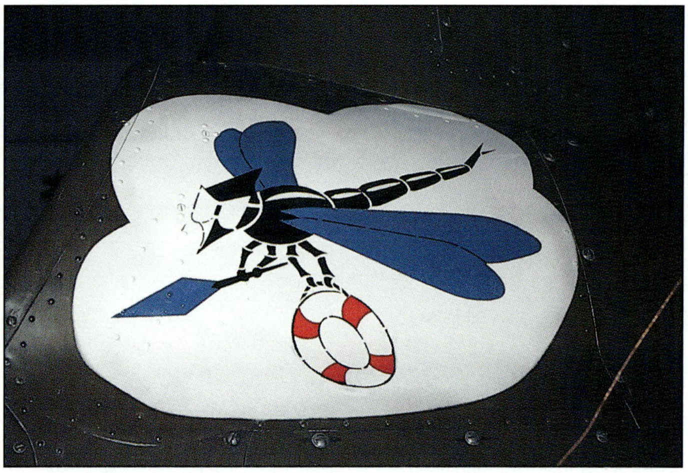

(Vasemmalla ylhäällä) Kuljetuslentolaivueen Helikopterilentueen tunnus 1968 - 73 (K. Niska). (Oikealla ylhäällä) Helikopterilentueen tunnus vuodesta 1973 eteenpäin (K. Niska). (Keskellä) KuljLLv:n Mil Mi-4 kopteri HR-2 Utissa kesällä 1969 (V. Salo). (Alhaalla) KuljLLv:n Mi-4 helikopteri HR-3 Utissa heinäkuussa 1975 (K. Niska).

(Top left) The emblem of HekoLtue belonging to KuljLLv in 1968 - 73. (Top right) The badge of HekoLtue from 1973 on. (Centre) Mil Mi-4 chopper HR-2 of KuljLLv at Utti in summer 1969. (Bottom) Mil Mi-4 helicopter HR-3 of KuljLLv at Utti in July 1975.

(Ylhäällä) KuljLLv:n Hughes 500C helikopteri HH-1 Hallissa syyskuussa 1976 (J. Laukkanen). (Keskellä) KuljLLv:n Hughes kopteri HH-3 Kauhavalla maaliskuussa 1983. Kone oli vuokrattu koulutustoimintaa varten (J. Nikula). (Alhaalla) KuljLLv:n Hughes 500D HH-4 helikopteri leijumassa Lappeenrannassa toukokuussa 1993 (J. Laukkanen)

(Top) Hughes 500C helicopter HH-1 of KuljLLv at Halli in September 1976. (Centre) Hughes HH-3 of KuljLLv at Kauhava in March 1983. It was leased for pilot training. (Bottom) Hughes 500D chopper HH-4 of KuljLLv hovering at Lappeenranta in May 1993.

(Ylhäällä) KuljLLv:n Mil Mi-8T helikopteri HS-2 Hallissa toukokuussa 1984 (J. Laukkanen). (Keskellä) KuljLLv:n Mil Mi-8P helikopteri HS-5 Utissa heinäkuussa 1980 (K. Niska). (Alhaalla) KuljLLv:n Mil HS-3 Oulussa kesäkuussa 1994 (J. Laukkanen).

(Top) Mil Mi-8T helicopter HS-2 of KuljLLv at Halli in May 1984. (Centre) Mil Mi-8P helicopter HS-5 of KuljLLv at Utti in July 1980. (Bottom) Mil HS-3 of KuljLLv at Oulu in June 1994.

(Ylhäällä) Merivartiolaitoksen heko ilmavoimien tunnuksissa HS-11 Turussa helmikuussa 1983 (K. Niska) (Keskellä) KuljLLv:n Mil HS-14 ilman kansallisuustunnusta Turussa elokuussa 1983 (K. Niska). (Alhaalla) KuljLLv:n Mil HS-4 Malmilla kesäkuussa 1996. Kansallisuustunnus on pienennettynä (K. Niska).

(Top) A chopper of the Coast Guard with air force serial HS-11 at Turku in February 1983. (Centre) Mil HS-14 of KuljLLv without national insignia at Turku in August 1983. (Bottom) Mil HS-4 of KuljLLv with small insignia at Malmi in June 1996.

(Ylhäällä) TiedLLv:n MiG-21F-13 kone MG-77 elokuussa 1985 (J. Laukkanen). (Keskellä) HävLLv 31:n kone MG-50 Rissalassa elokuussa 1978 (K. Niska). (Alhaalla) HävLLv 31:n harmaa Mig MG-91 Rissalassa elokuussa 1977 (K. Niska).

(Top) Mikoyan MiG-21F-13 fighter MG-77 of TiedLLv in August 1985. (Centre) MG-50 of HävLLv 31 at Rissala in August 1978. (Bottom) A grey Mig MG-91 of HävLLv 31 at Rissala in August 1977.

(Ylhäällä) HävLLv 31:n MiG-21UM kone MK-105 Hallissa toukokuussa 1989 (J. Laukkanen). (Keskellä) HävLLv 31:n kone MK-106 Hallissa huhtikuussa 1994 (J. Laukkanen) (Alhaalla) HävLLv 31:n Mig MK-105 Hallissa maaliskuussa 1995. Koneessa on MK-143:n siivet (J. Laukkanen).

(Top) Mikoyan MiG-21UM MK-105 of HävLLv 31 at Halli in May 1989. (Centre) MK-106 of HävLLv 31 at Halli in April 1994. (Bottom) MK-105 of HävLLv 31 at Halli in March 1995 wearing the wings of MK-143.

(Ylhäällä) KuljLLv:n Douglas DO-8 Utissa heinäkuussa 1980 (K. Niska). (Keskellä) KuljLLv:n Fokker Friendship FF-2 syyskuussa 1995 (J. Laukkanen). (Alhaalla) KuljLLv:n Friendship FF-2 Kauhavalla kesäkuussa 1991 (J. Laukkanen).

(Top) Douglas C-47A DO-8 of KuljLLv at Utti in July 1980. (Centre) Fokker F.27 Friendship FF-2 of KuljLLv in September 1995. (Bottom) Friendship FF-2 of KuljLLv at Kauhava in June 1991.

(Ylhäällä) KuljLLv:n Learjet maalinhinauskone LJ-2 kesäkuussa 1993 (J. Laukkanen). (Keskellä) IlmaSK:n Chieftain yhteyskone PC-2 huhtikuussa 1994 (J. Laukkanen). (Alhaalla) TiedLLv:n Cessna kuriirikone CB-52 Tikkakoskella toukokuussa 1982 (J. Laukkanen).

(Top) Gates Learjet 35 target-tow LJ-2 of KuljLLv in June 1993. (Centre) Piper PA-31 Chieftain liaison PC-2 of IlmaSK in April 1994. (Bottom) Cessna Businessliner courier CB-52 of TiedLLv at Tikkakoski in May 1982.

(Ylhäällä) HävLLv 11:n Draken DK-201 "Kake" Hallissa elokuussa 1984 (J. Laukkanen). (Keskellä) HävLLv 11:n Draken DK-223 "Kreivi von Rosen" Oulunsalossa kesäkuussa 1985 (J. Laukkanen). (Alhaalla vasemmalla) DK-223 "Kreivi von Rosen", jonka nimikointipäivä oli 6.3.77 (K. Niska). (Alhaalla oikealla) DK-201 "Kake" sai nimensä kenraali Pöyhösen mukaan keväällä 1974 (K. Niska).

(Top) Saab 35S Draken DK-201 Kake of HävLLv 11 at Halli in August 1984. (Centre) DK-223 Kreivi von Rosen of HävLLv 11 at Oulunsalo in June 1985. (Bottom left) DK-223 Count von Rosen, which was named on 6 March 1977. (Bottom right) DK-201 Kake was named after General Pöyhönen in spring 1974.

(Ylhäällä) HävLLv 11:n Draken DK-204 Hallissa toukokuussa 1985 (J. Laukkanen). (Keskellä) Draken koulutuskone DK-264 Hallissa huhtikuussa 1984 (J. Laukkanen). (Alhaalla) HävLLv 21:n Draken DK-271 maaliskuussa 1995 (J. Laukkanen).

(Top) Saab 35BS Draken DK-204 of HävLLv 11 at Halli in May 1985. (Centre) Saab 35CS trainer DK-264 at Halli in April 1984. (Bottom) Saab 35FS Draken DK-271 of HävLLv 21 in March 1995.

(Ylhäällä) IlmaSK:n Vinka VN-3 lennolla huhtikuussa 1994 (J. Laukkanen). (Keskellä) Valmetin viimeinen Redigo RG-9 Hallissa lokakuussa 1993 (J. Laukkanen). (Alhaalla) Valmetin Redigo RG-1 "Haijala" lennolla toukokuussa 1992 (J. Laukkanen).

(Top) Vinka VN-3 of IlmaSK in flight in April 1994. (Centre) The last L-90 TP Redigo RG-9 built by Valmet seen at Halli in October 1993. (Bottom) Redigo RG-1 Haijala of Valmet pictured in flight in May 1992.

(Ylhäällä) IlmaSK:n Vinka VN-15 Kauhavalla kesäkuussa 1982 (J. Laukkanen). (Keskellä) IlmaSK:n Vinka VN-4 Kauhavalla kesäkuussa 1985 (J. Laukkanen). (Alhaalla) IlmaSK:n Vinka VN-11 Hallissa syyskuussa 1991 (J. Laukkanen).

(Top) Valmet Vinka trainer VN-15 of IlmaSK at Kauhava in June 1982. (Centre) Vinka VN-4 of IlmaSK at Kauhava in June 1985. (Bottom) Vinka VN-11 of IlmaSK at Halli in September 1991.

(Ylhäällä) HävLLv 31:n MiG-21BIS kone MG-128 Oulunsalossa kesäkuussa 1986 (J. Laukkanen). (Keskellä) HävLLv 31:n MiG-21UM kone MK-143 Hallissa lokakuussa 1992 (J. Laukkanen). (Alhaalla) HävLLv 31:n hävittäjä MG-121 Oulunsalossa kesäkuussa 1989 (J. Laukkanen).

(Top) Mikoyan MiG-21BIS fighter MG-128 of HävLLv 31 at Oulunsalo in June 1986. (Centre) MiG-21UM trainer MK-143 of HävLLv 31 at Halli in October 1992. (Bottom) MG-121 of HävLLv 31 at Oulunsalo in June 1989.

(Ylhäällä) TiedLLv:n kone MG-114 Hallissa heinäkuussa 1988 (J. Laukkanen). (Keskellä) HävLLv 31:n Mig MG-131 huhtikuussa 1990 (J. Laukkanen). (Alhaalla) HävLLv 31:n kone MG-128 täällä suunnitellussa maalauskaaviossa heinäkuussa 1992 (J. Laukkanen).

(Top) MG-114 reconnaissance fighter of TiedLLv at Halli in July 1988. (Centre) MG-131 of HävLLv 31 seen in the air in April 1990. (Bottom) MG-128 of HävLLv 31 wearing a symmetrical Finnish designed camouflage pattern in July 1992.

(Ylhäällä) Viimeinen Suomessa koottu Hawk HW-350 pohjamaalissa Hallissa syyskuussa 1985 (J. Laukkanen). (Keskellä) Koelentueen Hawk HW-305 Hallissa maaliskuussa 1989 (J. Laukkanen). (Alhaalla) KoeLtue:en Hawk HW-305 Hallissa huhtikuussa 1988 (J. Laukkanen).

(Top) The last British Aerospace Hawk Mk 51 assembled in Finland was HW-350 as seen in primer at Halli in September 1985. (Centre) Hawk HW-305 of KoeLtue at Halli in March 1989. (Bottom) Hawk HW-305 of KoeLtue at Halli in April 1988.

(Ylhäällä ja keskellä) Koelentokeskuksen Hawk HW-316 syyskuussa 1995 (J. Laukkanen). (Alhaalla) KoeLtue:en Hawk HW-344 koemaalissa elokuussa 1990. Seuraavassa kuussa HW-koneet määrättiin maalattavaksi näin (J. Laukkanen).

(Top and centre) Hawk HW-316 of KoeLntK in September 1995. (Bottom) Hawk HW-344 of KoeLtue at camouflage trials in August 1990. Next month all Hawks were ordered to be painted thus.

(Ylhäällä) Koelentokeskuksen F-18D Hornet HN-465 maaliskuussa 1996 (J. Laukkanen). (Alhaalla) Ensimmäinen Suomessa koottu F-18C Hornet HN-401 ensilennollaan 14.5.96 (J. Laukkanen).

(Top) McDonnell Douglas F-18D Hornet HN-465 of KoeLntK in March 1996. (Bottom) The first F-18C Hornet assembled in Finland was HN-401, seen here on the maiden flight on 14 May 1996.

Väripiirrokset

Colour drawings

Mallinrakentajia ajatellen kaikki väripiirrokset ovat 1/72 mittakaavassa. Kaikki yleisimmät värikaaviot on piirretty sekä esimerkinomaisesti taktisia merkintöjä. Piirrosten yhteydessä on mainittu amerikkaisen Federal Standard 595a värikartan koodi, joka perustuu joko näytteisiin tai spesifikaatteihin.

Tätä värikarttaa toimittaa Suomen Standardisointiliitto noin 400 mk hintaan kuten myös British Standard 381C värikarttaa noin 700 mk hintaan.

Sivulla 192 on värien yhteenveto sekä luettelo vastaavista kaupallisista mallimaaleista.

Tunnukset on piirretty mittakaavaan 1/16, jotta niiden keskinäinen suhde selviäisi.

Piirroksien väritoisto on se, minkä Pantone-järjestelmä mahdollistaa, ollen kuitenkin edustava.

Keeping the modellers in mind all drawings are to 1/72 scale. All common camouflage patterns are drawn and also some tactical markings. The captions include the code of American Federal Standard 595a colour chart. The code is based either on samples or specifications.

This colour chart can be obtained from Suomen Standardisointiliitto at about 400 Finn marks, They also supply British Standard 318C colour chart at about 700 Finn marks.

On page 192 is a summary of the colours used and a listing of equivalent commercial model paints.

The emblems are drawn in 1/16 scale in order to expose the relativity of their sizes.

The colour reproduction is what the Pantone system allows, being though representative.

Thulin typ D

F1
Suomen Ilmavoimien ensimmäinen kone
Vaasa
Maaliskuu 1918

Kokonaan lakattua kangasta, nokka tumman vihreä, hakaristi tumman sininen

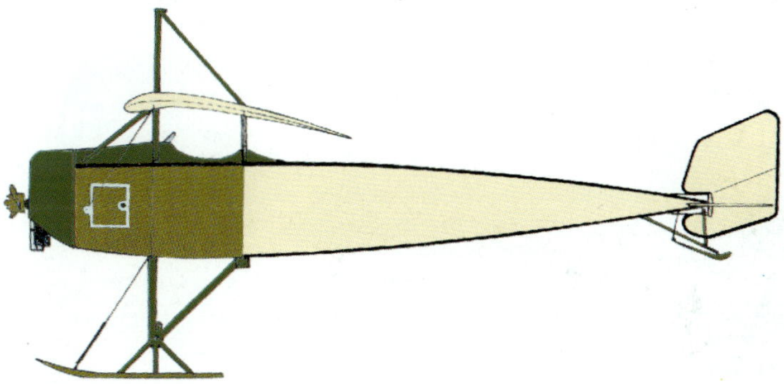

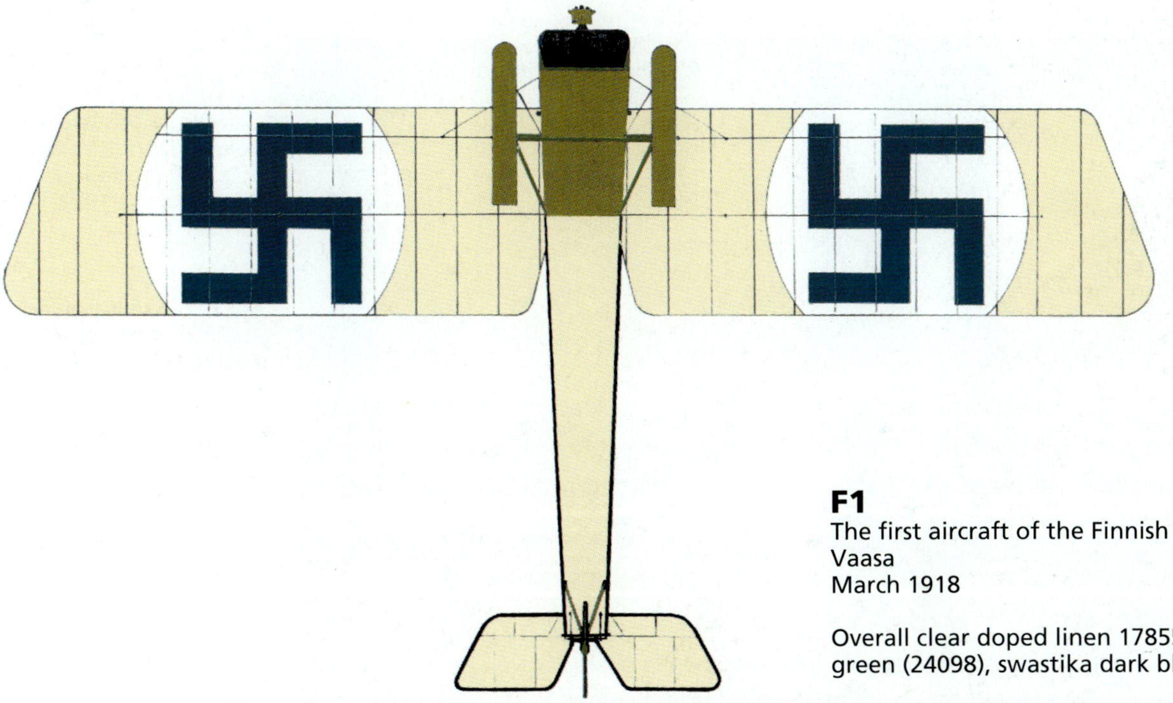

F1
The first aircraft of the Finnish Air Force
Vaasa
March 1918

Overall clear doped linen 17855, nose dark green (24098), swastika dark blue 35053

Fokker D.VII

1.D.357.
Ilmailuosasto 1
Utti
Heinäkuu/July 1923

Päältä mustan ruskea - tumman sininen - tumman vihreä - vaalean sininen, alta vaalean sininen

Top black brown 10032 - dark blue 35405 - dark green 24098 - light blue 35526, bottom light blue 35526

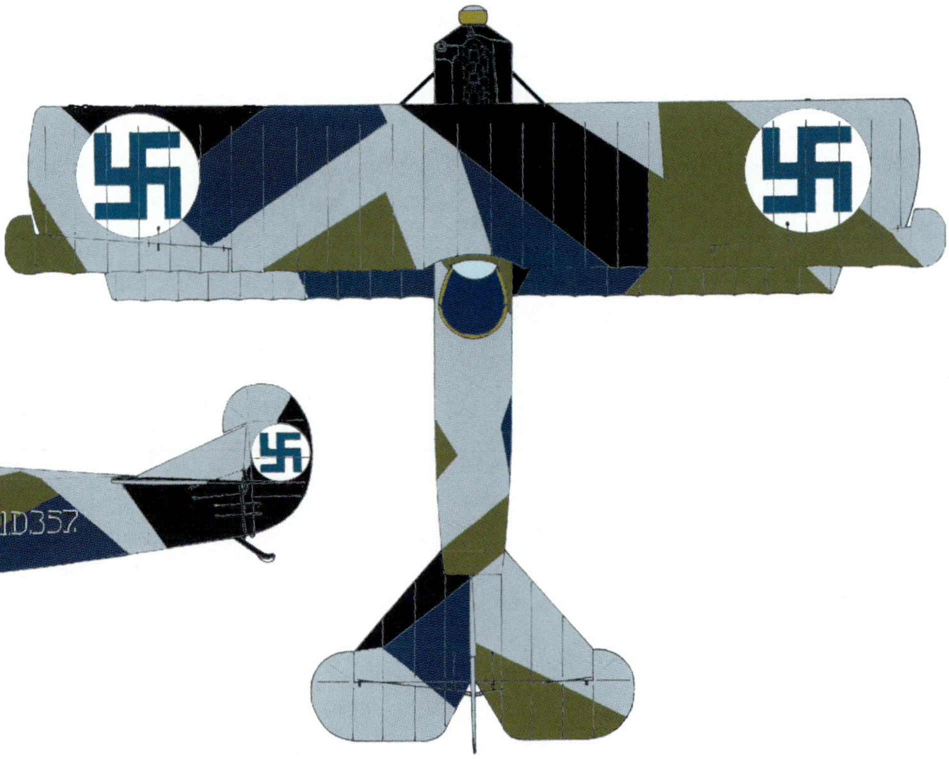

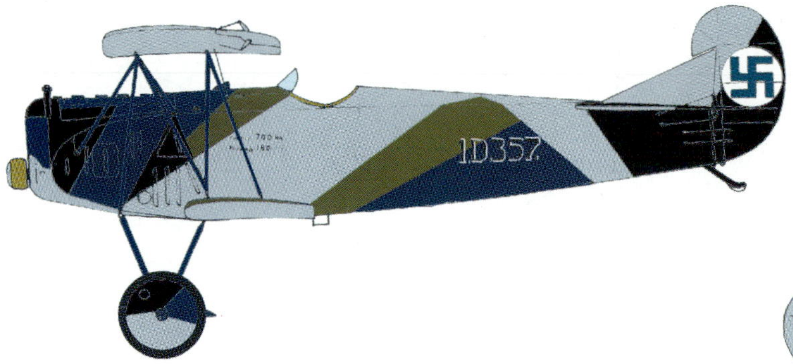

Utin Ilmailuosasto 1:n Fokker D.VII tunnuksella 1.D.357. lennolla 3. marraskuuta 1923. (Ilmavoimat).

Fokker D.VII serialled 1.D.357. of Ilmailuosasto 1 based at Utti seen in flight on 3 November 1923.

Breguet 14.A2

2C.464
Ilmailuosasto 1
Utti
Toukokuu/May 1921

Päältä musta - tumman ruskea - tumman vihreä - vaalean vihreä - beige, alta lakattua kangasta

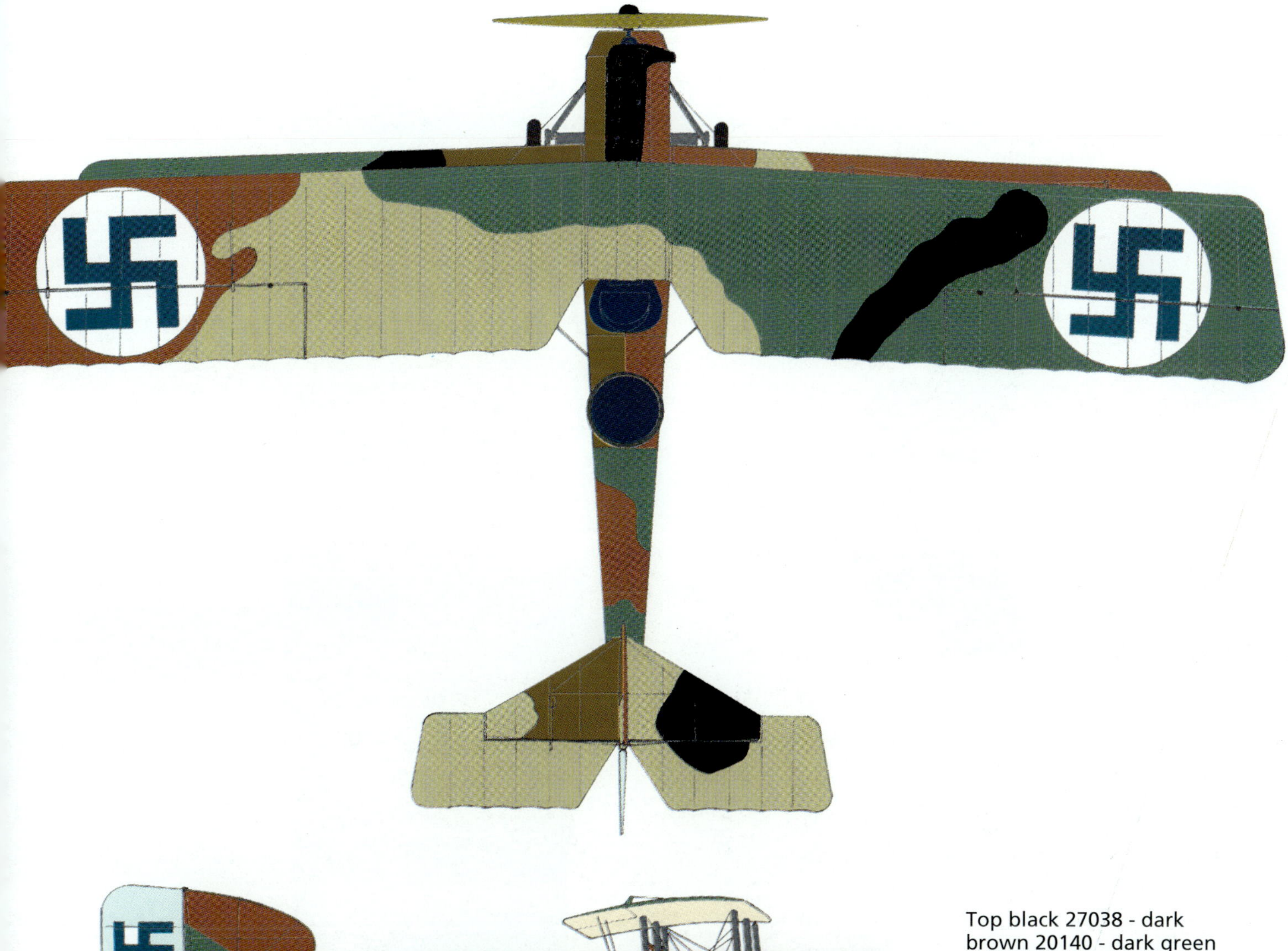

Top black 27038 - dark brown 20140 - dark green 24088 - light green 24159 - beige 23448, bottom clear doped linen 17855

I.V.L A.22 Hansa

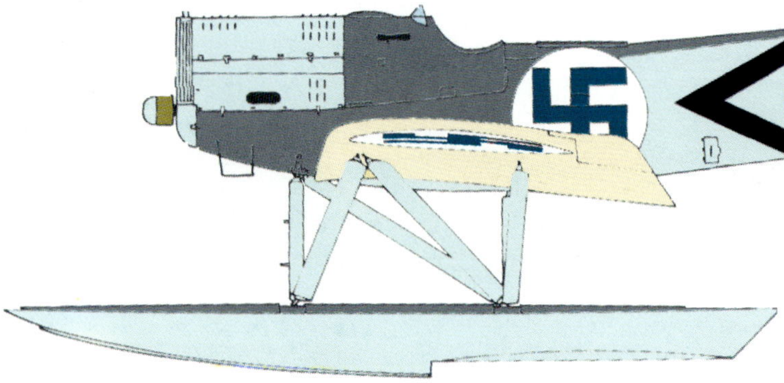

IL-45
Ilmailukoulu
Santahamina
Syyskuu/September 1927

Päältä tumman harmaa - vaalean harmaa, alta vaalean keltainen, vinkkeli musta

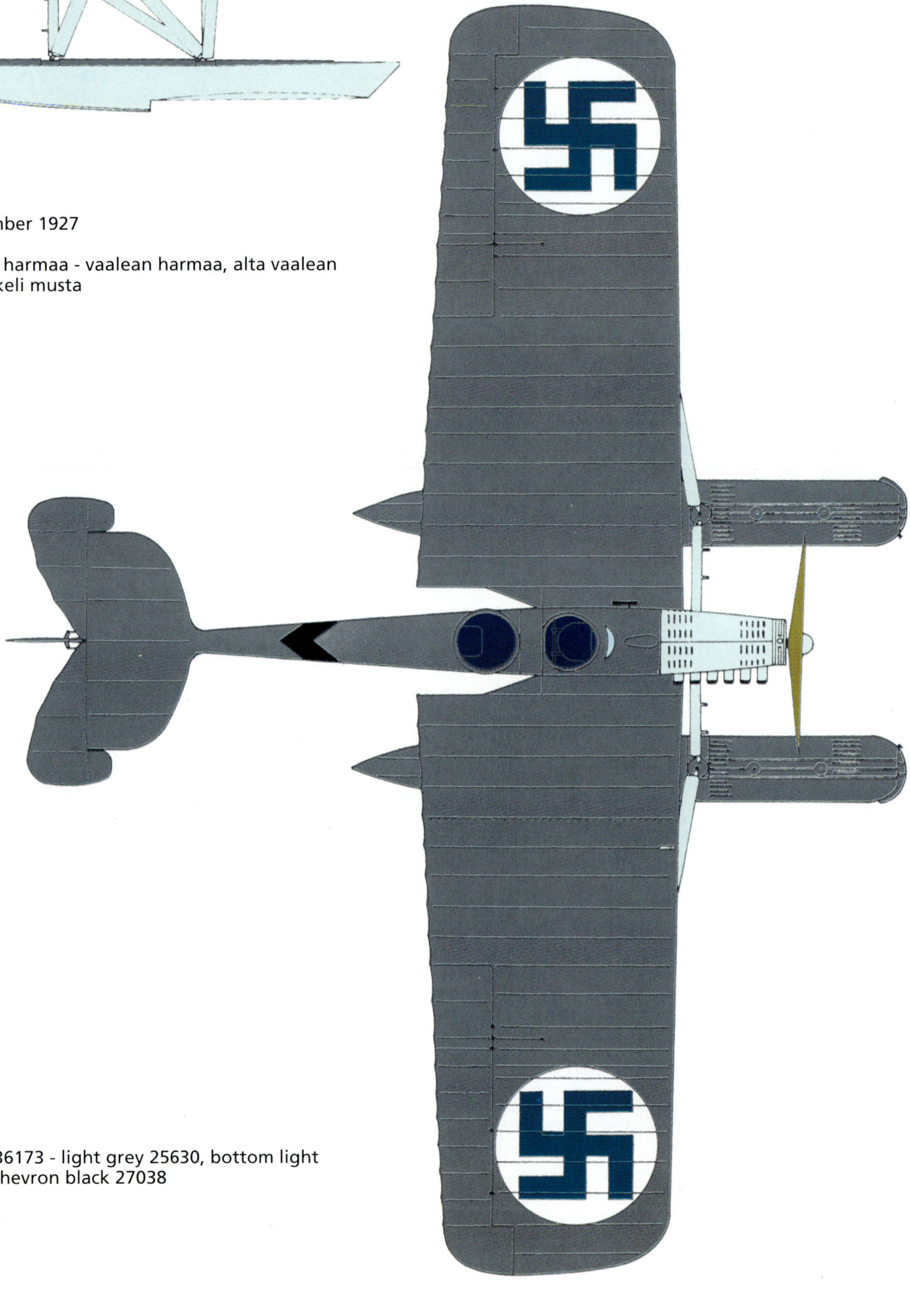

Top dark grey 36173 - light grey 25630, bottom light yellow 23697, chevron black 27038

Bristol Bulldog IVA Fokker D.XXI

FR-80
Lentolaivue 24
Utti
Kesäkuu/June 1938

Hollannissa rakennetut koneet (FR-76 - 81) päältä tumman ruskea, alta alumiinipronssi. Suomessa rakennetut koneet päältä oliivin vihreä, alta vaalean harmaa

Dutch built planes (FR-76 - 81) top dark brown 20097, bottom silver dope 17178. Finnish built aircraft top olive green 34096, bottom light grey 36440

FR-91
1/Lentolaivue 24
Immola
Helmikuu/February 1940

Peräsin oliivin vihreä - numero valkoinen

Rudder olive green 34096 - number white 27778

FR-96
5/Lentolaivue 24
Turku
Helmikuu/February 1940

Peräsin musta - numero valkoinen

Rudder black 27038 - number white 27778

FR-112
2/Lentolaivue 24
Värtsilä
Tammikuu/January 1940

Peräsin oliivin vihreä - numero musta

Rudder olive green 34096 - number black 27038

FR-108
3/Lentolaivue 24
Ruokolahti
Helmikuu/February 1940

Peräsin oliivin vihreä - numero sininen valkoisella reunalla

Rudder olive green 34096 - number blue 25123 with white 27778 edge

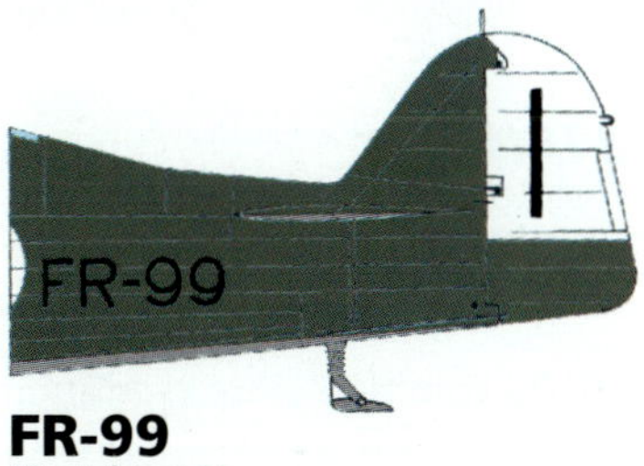

FR-99
4/Lentolaivue 24
Joutseno
Tammikuu/January 1940

Peräsimen yläosa valkoinen - numero musta

Upper part of rudder white 27778 - number black 27038

BU-59
Ilmavoimat
Filton
Joulukuu/December 1934

Päältä tumman vihreä - luonnon metalli, alta alumiinipronssi, hakaristi sininen

Top dark green 34079 - natural metal, bottom silver dope 17178, swastika blue 25123

Gloster Gladiator II/I

GL-273
1/Lentolaivue 16
Haarajärvi
Elokuu/August 1941

Päältä tumman vihreä - ruskea - vaalean vihreä - vaalean ruskea, alta musta - alumiinipronssi - valkoinen, itärintamatunnukset keltaiset

Top dark green 34079 - dark earth 30118 - light green 34127 - light earth 30257, bottom night 37038 - silver dope 17178 - white 37778, eastern front markings yellow 13538

278/H
Flygflottilj 19
Veitsiluoto
Tammikuu/January 1940

Päältä tumman vihreä - alumiinipronssi, alta vaalean siniharmaa, pyrstökirjain keltainen

Top dark green 34079 - silver dope 17178, bottom light blue grey 36250, tail letter yellow 23655

Morane-Saulnier M.S. 406

MS311
1/Lentolaivue 28
Lunkula
Syyskuu/September 1941

Päältä tumman siniharmaa - tumman vihreä - ruskea, alta vaalean siniharmaa, itärintamatunnukset keltaiset, pyrstönumero musta valkoisella reunalla

Top dark blue grey 36122 - khaki 34096 - dark earth 30117, bottom light blue grey 36231, eastern front markings yellow 13538, tail number black 27038 with white edge 27778

MS-602
2/Lentolaivue 28
Joensuu
Heinäkuu/July 1941

Päältä musta - oliivin vihreä, alta vaalean harmaa, itärintamatunnukset keltaiset, pyrstönumero valkoinen

Top black 37038 - olive green 34096, bottom light grey 36440, eastern front markings yellow 13538, tail number white 27778

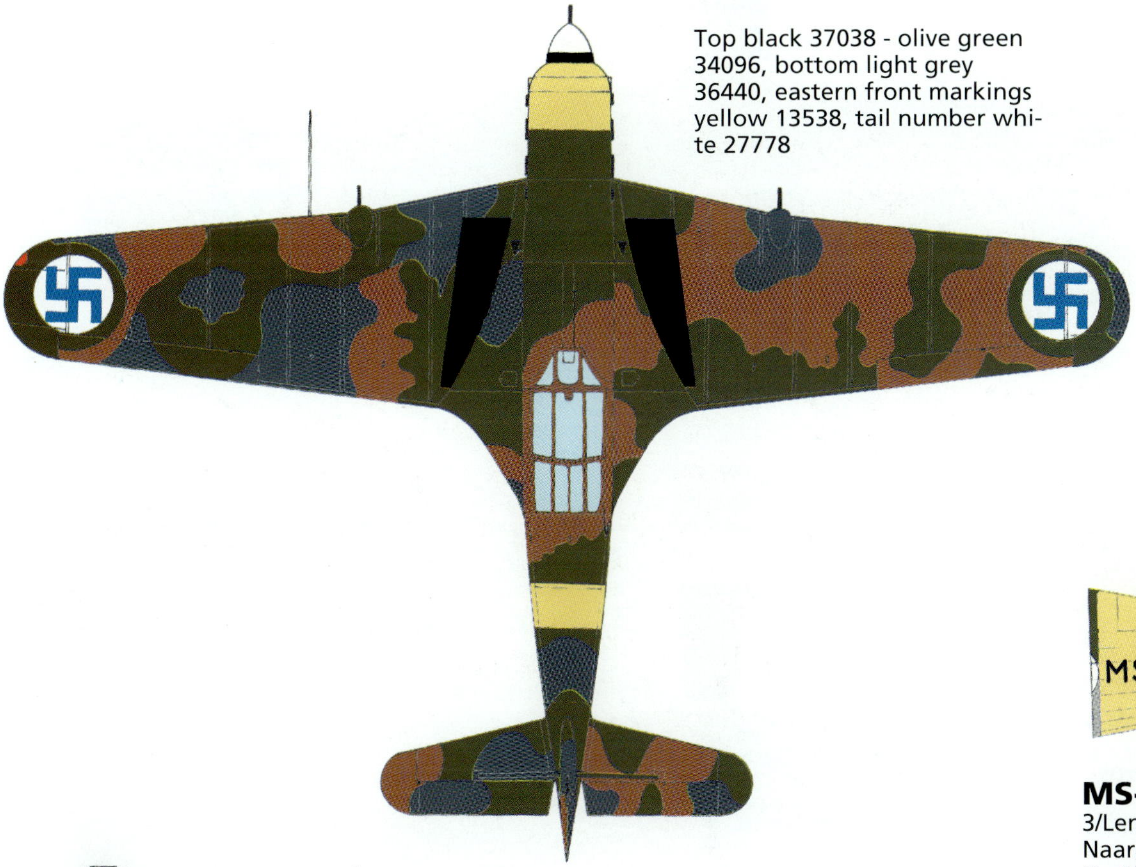

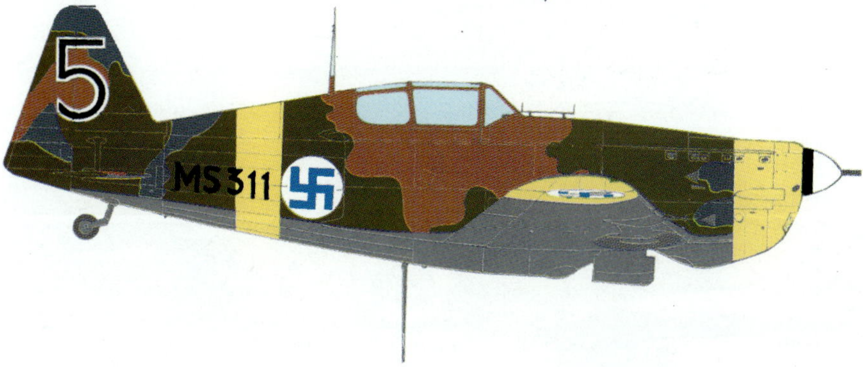

MS-325
3/Lentolaivue 28
Naarajärvi
Kesäkuu/June 1941

Päältä musta - oliivin vihreä, alta vaalean harmaa, itärintamatunnukset keltaiset, pyrstönumero keltainen punaisella reunalla

Top black 37038 - olive green 34096, bottom light grey 36440, eastern front markings yellow 13538, tail number yellow 13538 with red 21302 edge

Hawker Hurricane I

HC456
1/Lentolaivue 30
Hollola
Kesäkuu/June 1941

Päältä tumman vihreä - ruskea, alta musta - alumiinipronssi - valkoinen, itärintamatunnukset keltaiset, pyrstönumero musta vaalean sinisellä reunalla

Top dark green 34079 - dark earth 30118, bottom night 37038 - silver dope 17178 - white 37778, eastern front markings yellow 13538, tail number black 37038 with light blue 35526 edge

Fokker D.XXI (Wasp)

FR-157
Lentolaivue 30
Utti
Syyskuu/September 1941

Päältä musta - oliivin vihreä, alta vaalean harmaa, itärintamatunnukset keltaiset, pyrstötunnus valkoinen punaisilla hertoilla

Top black 37038 - olive green 34096, bottom light grey 36440, eastern front markings yellow 13538, tail marking white 27778 with red 21302 hearts

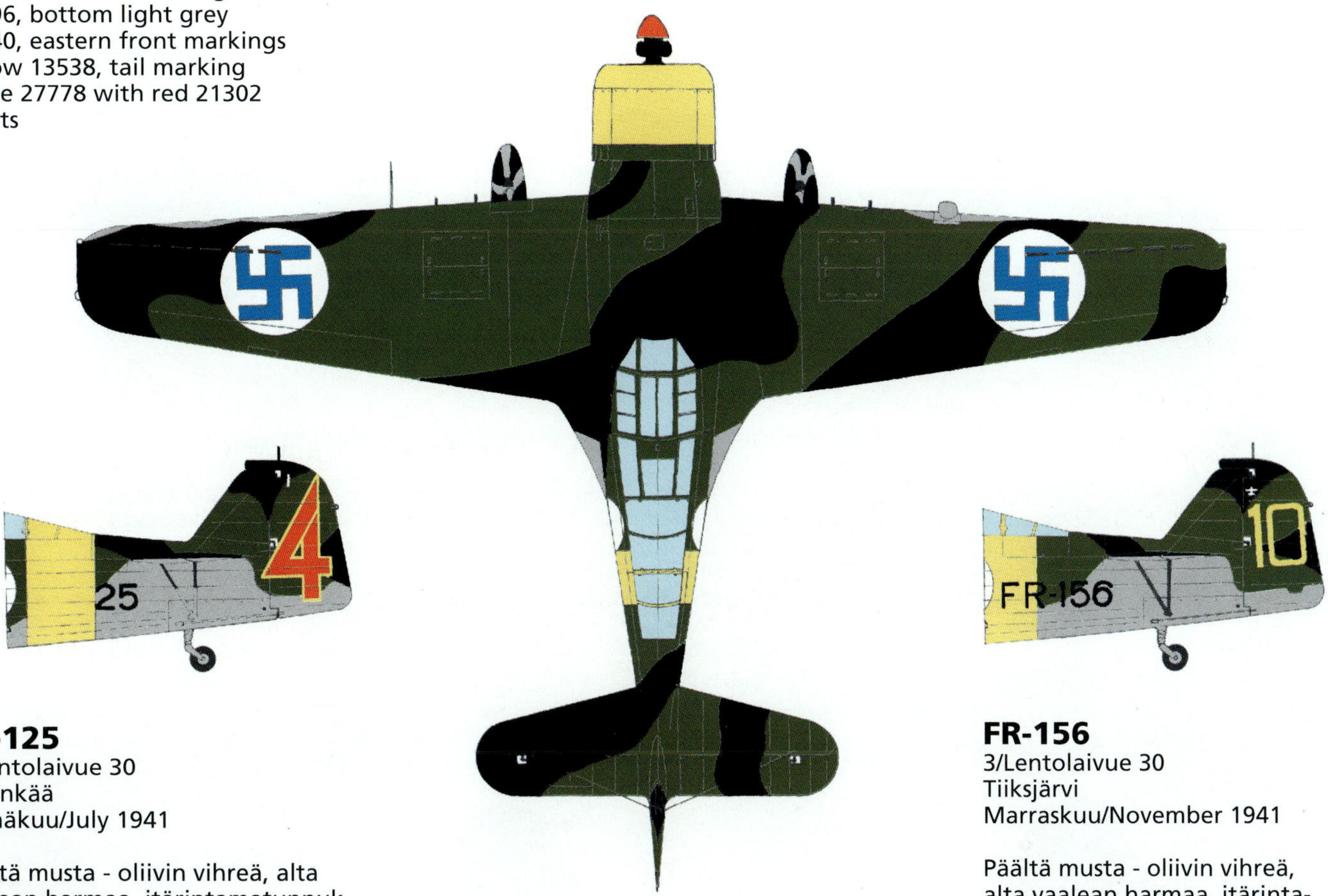

FR-125
2/Lentolaivue 30
Hyvinkää
Heinäkuu/July 1941

Päältä musta - oliivin vihreä, alta vaalean harmaa, itärintamatunnukset keltaiset, pyrstönumero punainen keltaisella reunalla

Top black 37038 - olive green 34096, bottom light grey 36440, eastern front markings yellow 13538, tail number red 21302 with yellow 13538 edge

FR-156
3/Lentolaivue 30
Tiiksjärvi
Marraskuu/November 1941

Päältä musta - oliivin vihreä, alta vaalean harmaa, itärintamatunnukset keltaiset, pyrstönumero keltainen

Top black 37038 - olive green 34096, bottom light grey 36440, eastern front markings yellow 13538, tail number yellow 13538

Bristol Blenheim I

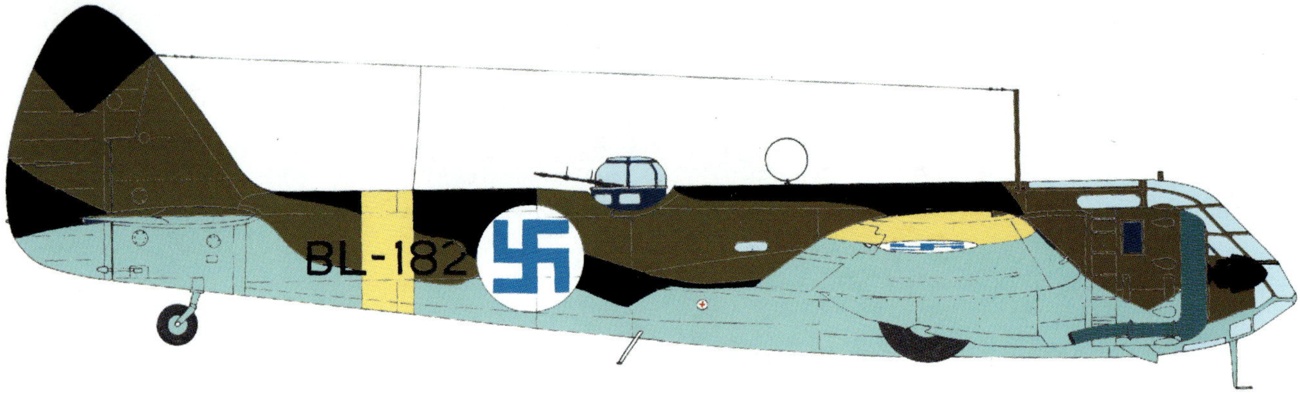

T-LeLv 17:n Blenheim BL-111 laskussa Luonetjärvelle maaliskuussa 1944 (SA-kuva).

Blenheim BL-111 of T-LeLv 17 landing at Luonetjärvi in March 1944.

Fiat G.50

FA-3
1/Lentolaivue 26
Lunkula
Elokuu/August 1941

Päältä musta - oliivin vihreä, alta vaalean harmaa, itärintamatunnukset keltaiset, pyrstönumero sinen valkoisella reunalla

Top black 37038 - olive green 34096, bottom light grey 36440, eastern front markings yellow 13538, tail number blue 25123 with white 27778 edge

FA-22
2/Lentolaivue 26
Joroinen
Kesäkuu/June 1941

Päältä musta - oliivin vihreä, alta vaalean harmaa, itärintamatunnukset keltaiset, pyrstönumero musta keltaisella reunalla

Top black 37038 - olive green 34096, bottom light grey 36440, eastern front markings yellow 13538, tail number black 27038 with yellow 13538 edge

FA-17
3/Lentolaivue 26
Joroinen
Kesäkuu/June 1941

Päältä tumman vihreä - ruskea, alta vaalean harmaa, itärintamatrunnukset keltaiset, pyrstönumero keltainen

Top dark green 34086 - brown 30219, bottom light grey 36280, eastern front markings yellow 13538, tail number yellow 13538

Bristol Blenheim II

BL-182
2/Pommituslentolaivue 48
Onttola
Huhtikuu/April 1944

Päältä musta - oliivin vihreä, alta vaalean sininen, itärintamatunnukset keltaiset

Top black 37038 - olive green 34096, bottom light blue 35414, eastern front markings yellow 13538

Curtiss Hawk 75A

CUw-567
Lentolaivue 32
Lappeenranta
Elokuu/August 1941

Päältä tumman vihreä, alta musta (oikea siipi) - vaalean sininen, itärintamatunnukset keltaiset, pyrstönumero keltainen

Top dark green 34079, bottom black (starboard wing) 37038 - light blue 35414, eastern front markings yellow 13538, tail number yellow 13538

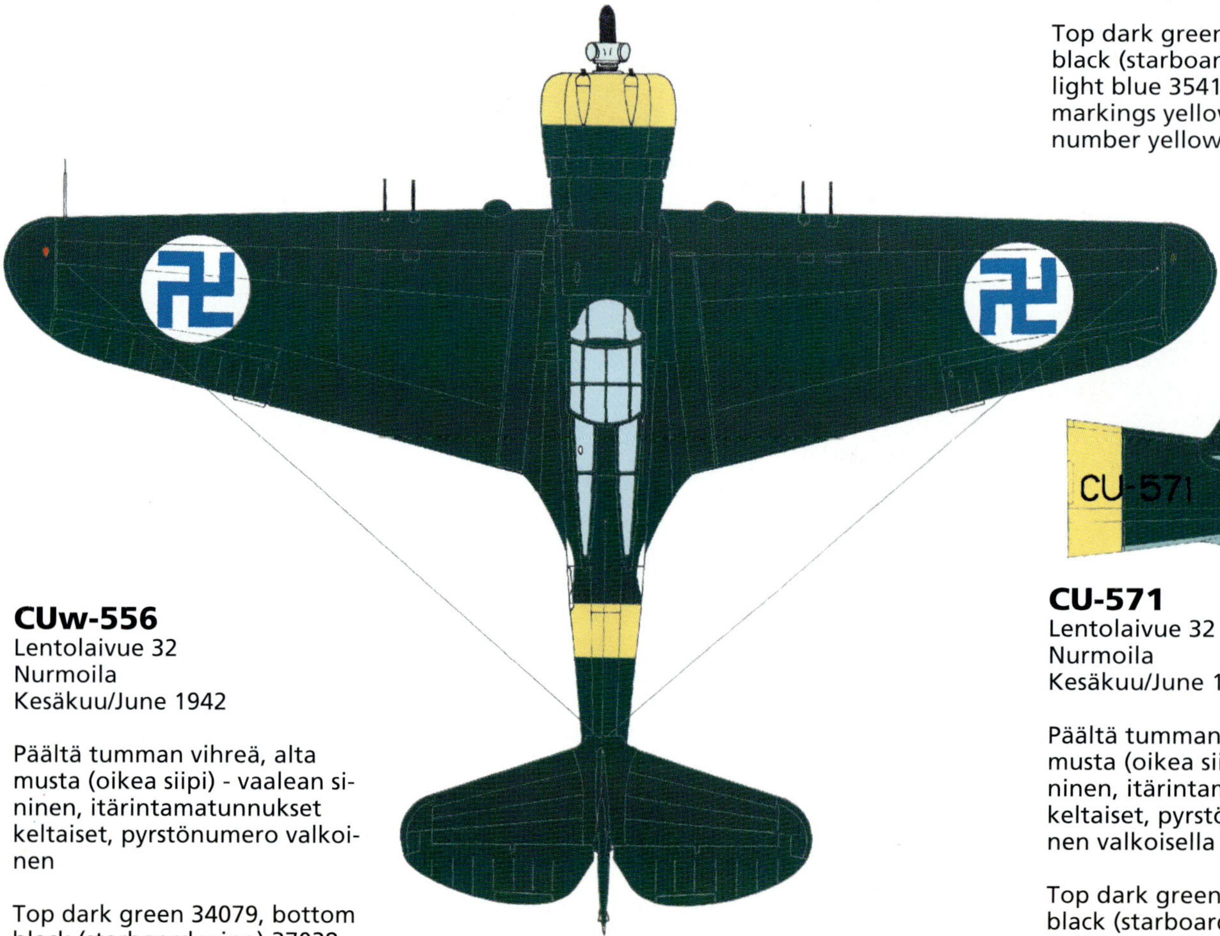

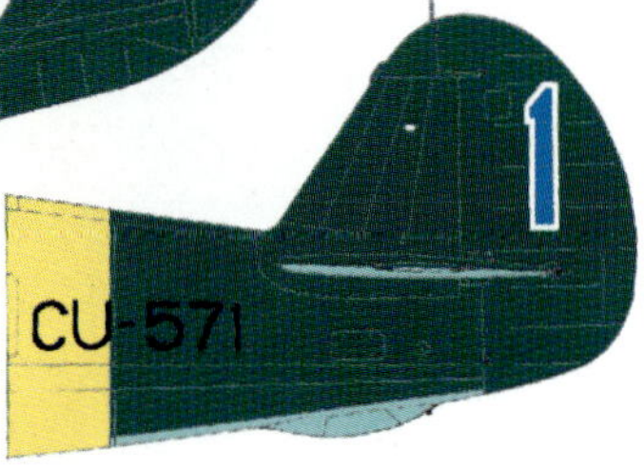

CUw-556
Lentolaivue 32
Nurmoila
Kesäkuu/June 1942

Päältä tumman vihreä, alta musta (oikea siipi) - vaalean sininen, itärintamatunnukset keltaiset, pyrstönumero valkoinen

Top dark green 34079, bottom black (starboard wing) 37038 - light blue 35414, eastern front markings yellow 13538, tail number white 27778

CU-571
Lentolaivue 32
Nurmoila
Kesäkuu/June 1942

Päältä tumman vihreä, alta musta (oikea siipi) - vaalean sininen, itärintamatunnukset keltaiset, pyrstönumero sininen valkoisella reunalla

Top dark green 34079, bottom black (starboard wing) 37038 - light blue 35414, eastern front markings yellow 13538, tail number blue 25123 with white 27778 edge

Lavotshkin LaGG-3

LG-3
Lentolaivue 32
Nurmoila
Maaliskuu/March 1943

Päältä musta - oliivin vihreä, alta vaalean sininen, itärintamatunnukset keltaiset

Top black 37038 - olive green 34096, bottom light blue 35414, eastern front markings yellow 13538

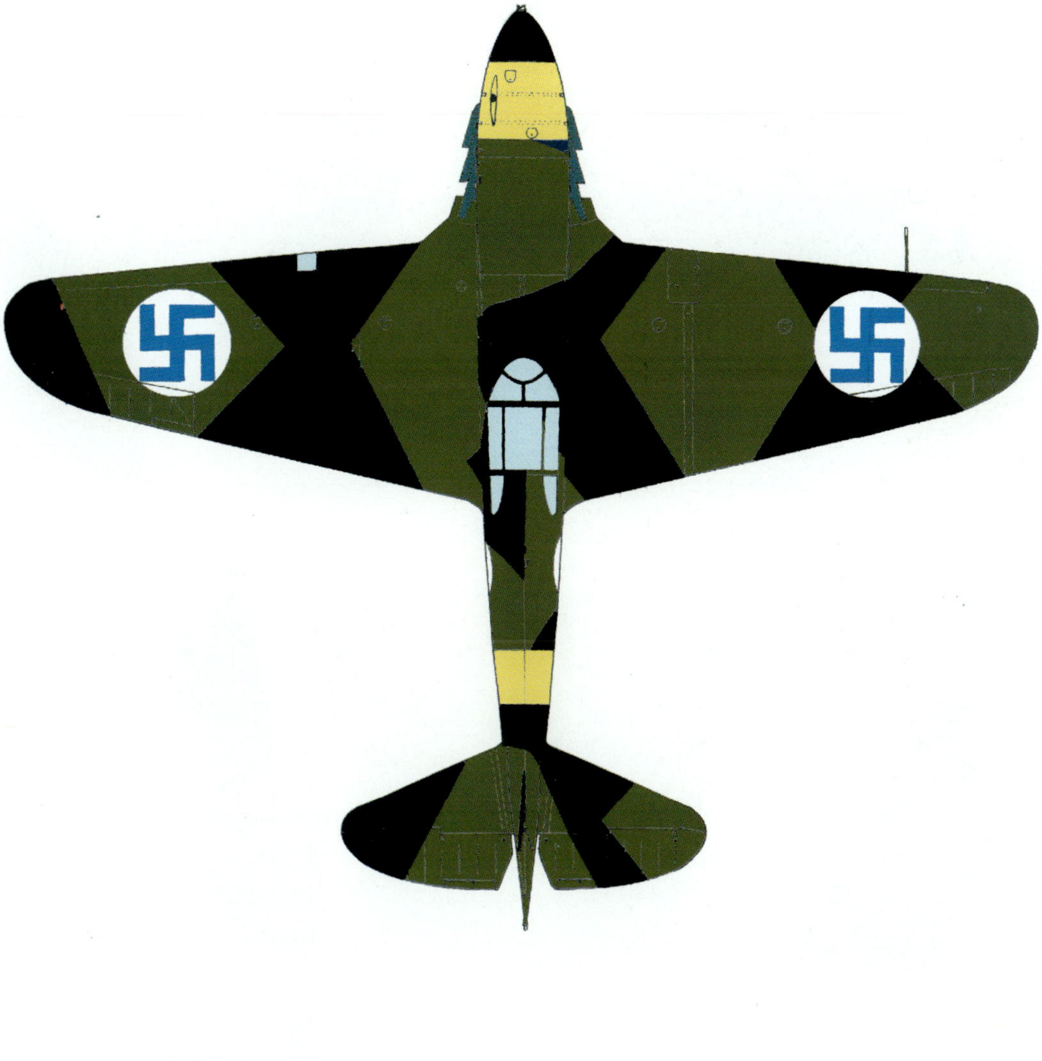

Dornier Do 17 Z-3

DN-63
1/Lentolaivue 46
Linnunlahti
Maaliskuu/March 1942

Päältä mustan vihreä - tumman vihreä - valkoinen, alta vaalean sininen, itärintamatunnukset keltaiset

Top black green 34050 - dark green 34079 - white 37875, bottom light blue 35414, eastern front markings yellow 13538

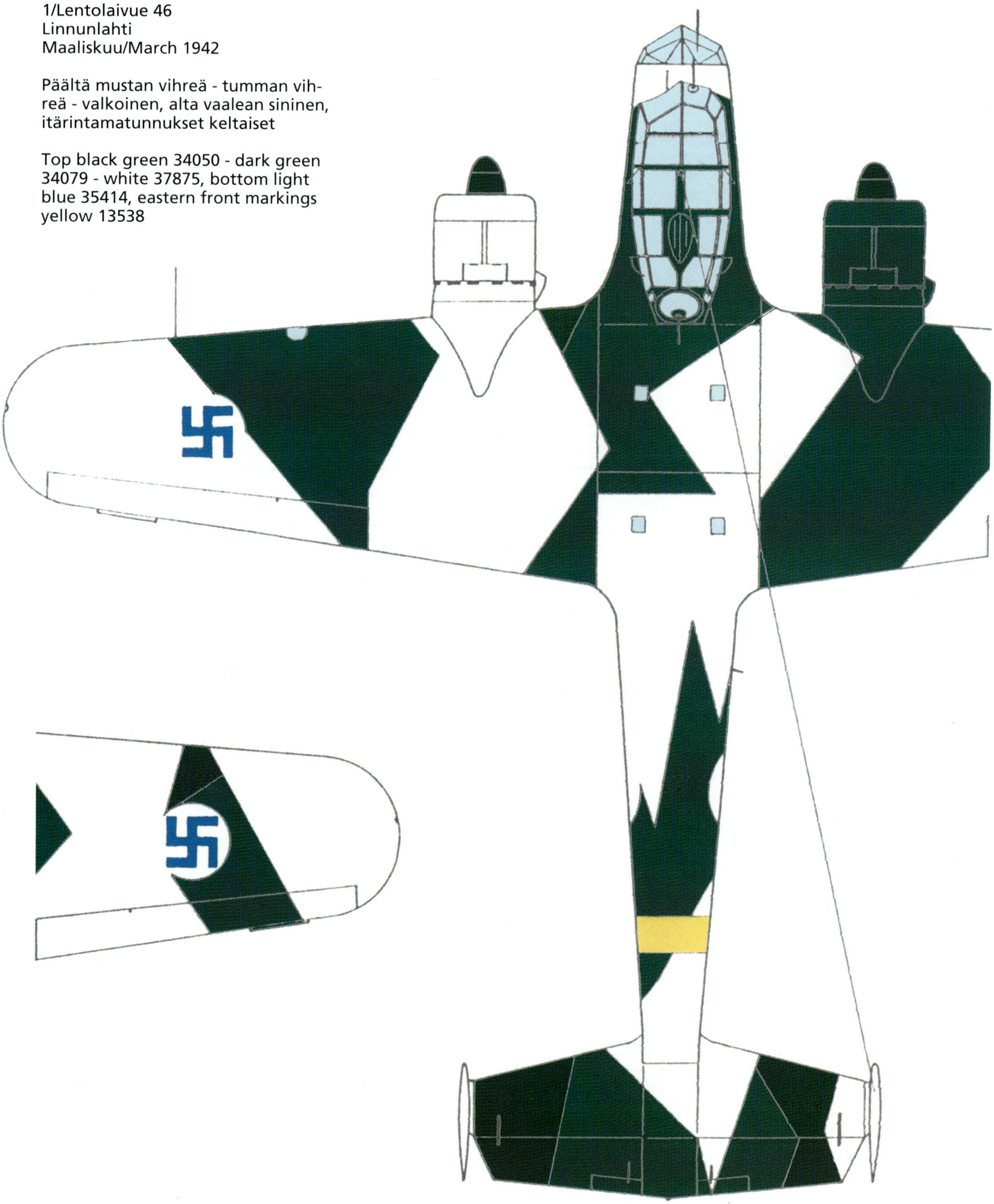

BW-390
1/Lentolaivue 24
Nurmoila
Lokakuu/October 1941

Päältä musta - oliivin vihreä, alta alumiinipronssi, itärintamatunnukset keltaiset, peräsin sininen - numero valkoinen

Top black 37038 - olive green 34096, bottom silver dope 27178, eastern front markings yellow 13538, rudder blue 25123 - number white 27778

BW-388
3/Lentolaivue 24
Kontupohja
Helmikuu/February 1942

Päältä oliivin vihreä - valkoinen, alta vaalean harmaa, itärintamatunnukset keltaiset, peräsin oliivin vihreä - numero oranssi

Top olive green 34096 - white 37875, bottom light grey 36440, eastern front markings yellow 13538, rudder olive green 34096 - number orange 12215

BW-358
2/Lentolaivue 24
Tiiksjärvi
Tammikuu/January 1942

Päältä musta - oliivin vihreä, alta alumiinipronssi, itärintamatunnukset keltaiset. peräsin musta - numero valkoinen

Top black 37038 - olive green 34096, bottom silver dope 27178, eastern front markings yellow 13538, rudder black 37038 - number white 27778

BW-394
4/Lentolaivue 24
Immola
Syyskuu/September 1941

Päältä musta - oliivin vihreä, alta vaalean harmaa, itärintamatunnukset keltaiset, peräsin valkoinen - numero musta

Top black 37038 - olive green 34096, bottom light grey 36440, eastern front markings yellow 13538, rudder white 27778 - number black 37038

Tupolev SB-2M-103

T-LeLv 17:n koulutuskone SB-6 Luonetjärvellä maaliskuussa 1944 (SA-kuva).

Tupolev USB trainer SB-6 of T-LeLv 17 at Luonetjärvi in March 1944.

SB-5
2/Lentolaivue 6
Nummela
Maaliskuu/March 1943

Päältä musta - oliivin vihreä, alta vaalean sininen, itärintamatunnukset keltaiset

Top black 37038 - olive green 34096, bottom light blue 35414, eastern front markings yellow 13538

Messershmitt Bf 109 G-2

2/LeLv 34:n Mersu MT-214 Utissa. Yllä huhtikuussa ja alla kesäkuussa 1943. Taktinen numero nokassa on punainen (SA-kuva ja E. Rinne).

MT-214
2/Lentolaivue 34
Utti
Kesäkuu/June 1943

Päältä tumman harmaa - harmaa, alta vaalean harmaa, itärintamatunnukset keltaiset, nokkanumero punainen, potkurin napa mustan vihreä - valkoinen

Top dark grey 34086 - grey 36122, bottom light grey 36473, eastern front markings yellow 13538, nose number red 21302, propeller spinner black green 34050 - white 27778

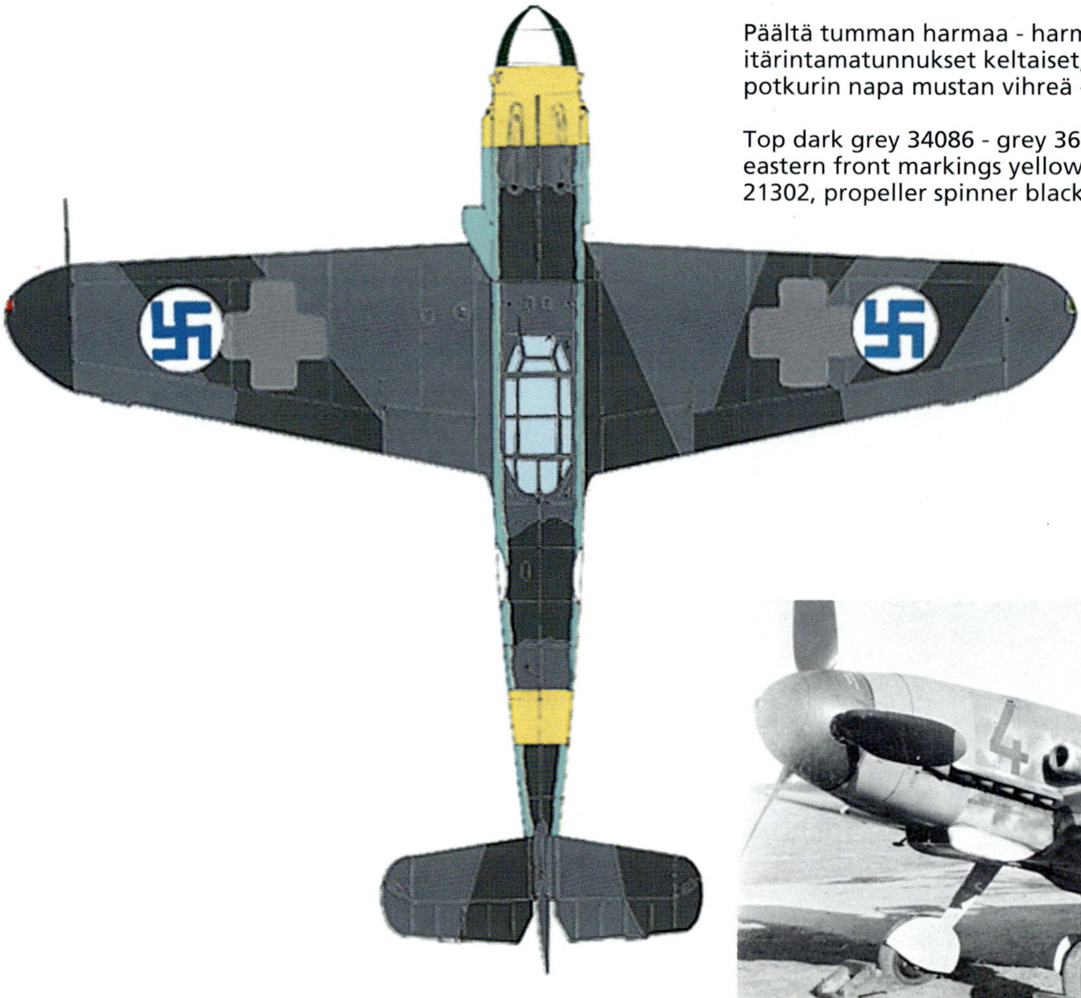

Bf 109 G-2 coded MT-214 of 2/LeLv 34 at Utti. Above in April and below in June 1943. The tactical number on the nose is red.

1/HLeLv 24:n kone MT-504 Utissa syyskuussa 1944. Taktinen numero on keltainen ykkönen ohjaamon edessä (V. Lakio). (Alla) Sama kone Utissa kesällä 1947, nyt HLeLv 31:n vahvuudessa (V. Salminen).

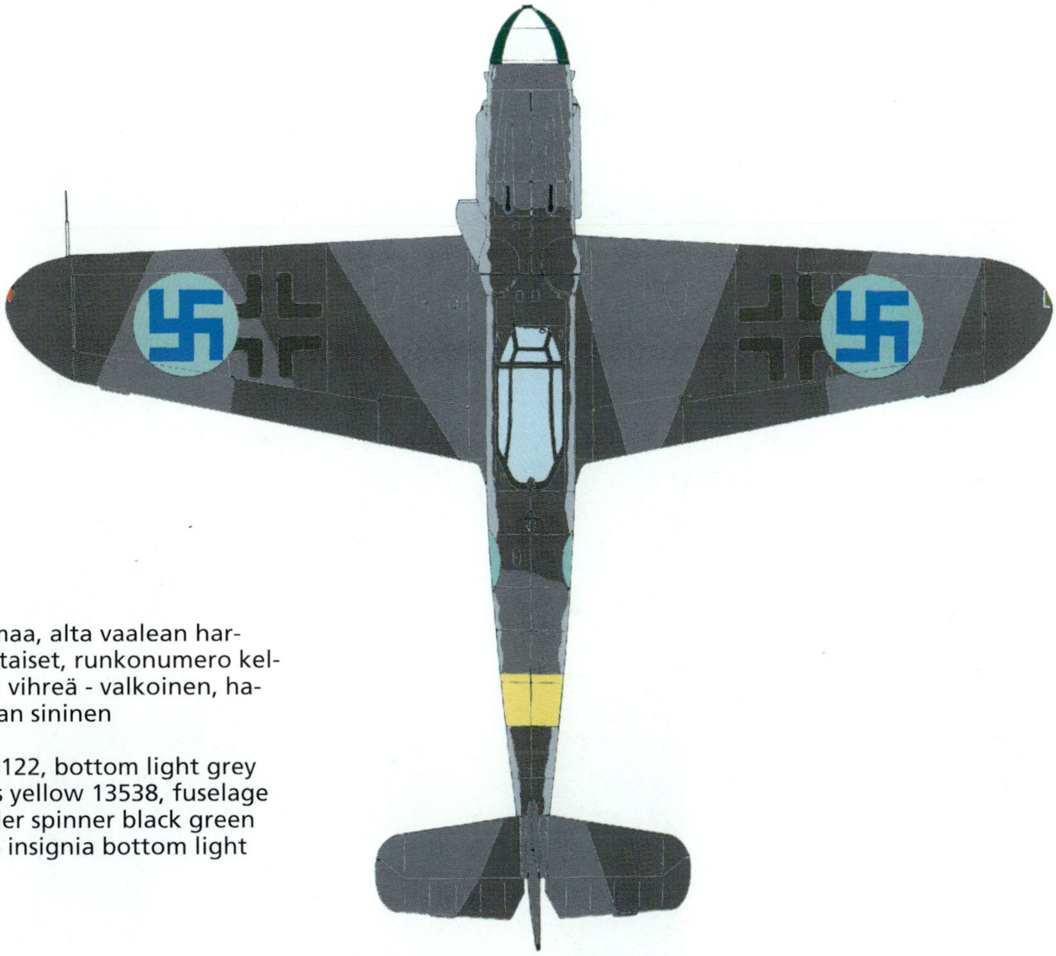

MT-504
1/Hävittäjälentolaivue 24
Lappeenranta
Elokuu/August 1944

Päältä tumman harmaa - harmaa, alta vaalean harmaa, itärintamatunnukset keltaiset, runkonumero keltainen, potkurin napa mustan vihreä - valkoinen, hakaristi tunnuksen pohja vaalean sininen

Top dark grey 34086 - grey 36122, bottom light grey 36473, eastern front markings yellow 13538, fuselage number yellow 13538, propeller spinner black green 34050 - white 27778, swastika insignia bottom light blue 35414

Bf 109 G-6 serialled MT-504 of 1/HLelv 24. The tactical number is yellow 4 in front of the cockpit. Below is the same aircraft also at Utti in summer 1947, now belonging to HLeLv 31.

JK-260
1/Pommituslentolaivue 44
Onttola
Kesäkuu/June 1944

Päältä musta - oliivin vihreä, alta vaalean sininen, itärintamatunnukset keltaiset, pyrstönumero ääriviiva vaalean sininen

Top black 37038 - olive green 34096, bottom light blue 35414, eastern front markings yellow 13538, tail number light blue 35414 outline

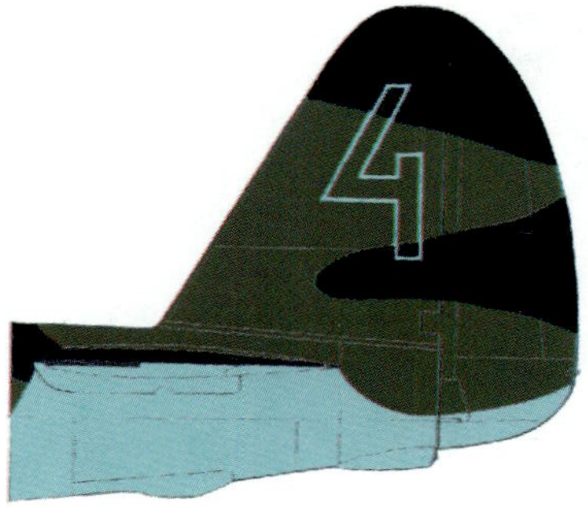

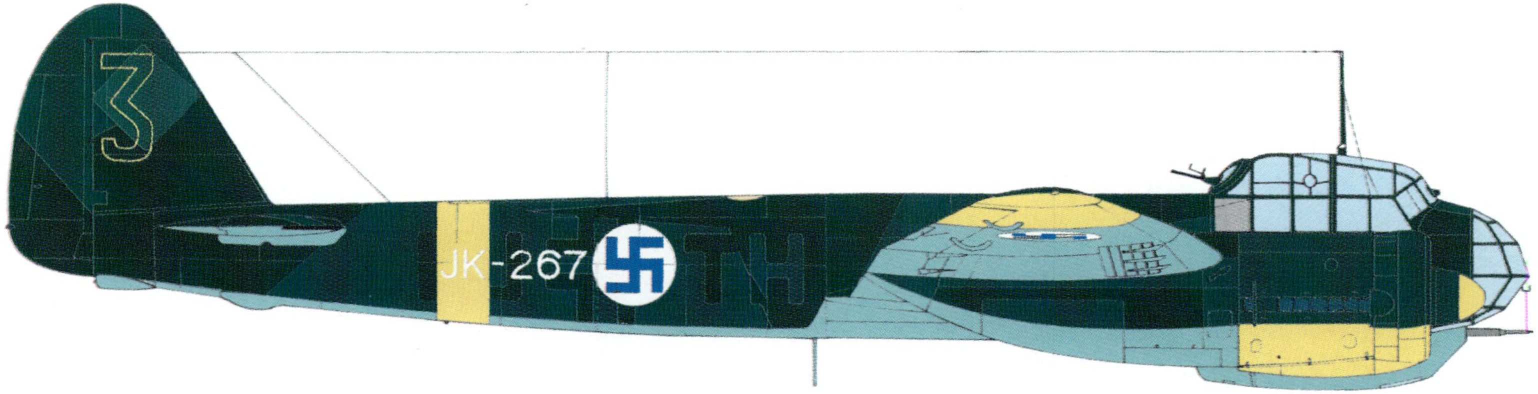

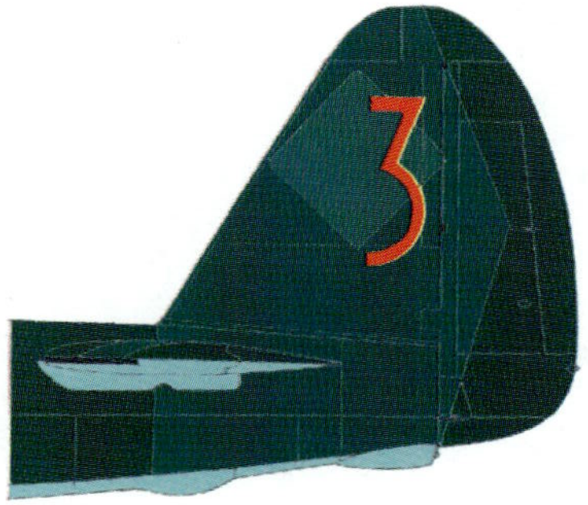

JK-262
2/Lentolaivue 44
Onttola
Kesäkuu/June 1943

Päältä mustan vihreä - tumman vihreä, alta vaalean sininen, itärintamatunnukset keltaiset, pyrstönumero punainen

Top black green 34050 - dark green 34079, bottom light blue 35414, eastern front markings yellow 13538, tail number red 21302

JK-270
4/Lentolaivue 44
Onttola
Elokuu/August 1943

Päältä mustan vihreä - tumman vihreä, alta vaalean sininen, itärintamatunnukset keltaiset,
pyrstönumero ääriviiva valkoinen

Top black green 34050 - dark green 34079, bottom light blue 35414, eastern front markings yellow 13538, tail number white 27778 outline

Junkers Ju 88 A-4

JK-267
3/Lentolaivue 44
Onttola
Heinäkuu/July 1943

Päältä mustan vihreä - tumman vihreä, alta vaalean sininen, itärintamatunnukset keltaiset, pyrstönumero ääriviiva keltainen

Top black green 34050 - dark green 34079, bottom light blue 35414, eastern front markings yellow 13538, tail number yellow 13538 outline

Focke Wulf Fw 44 J Stieglitz

SZ-2
Lentosotakoulu
Kauhava
Kesäkuu/June 1942

Runko tumman harmaa, siivet ja korkeusohjaimet oranssiset, itärintamatunnukset keltaiset

Fuselage dark grey 26044, wings and tailplane orange 22473, eastern front markings yellow 13538

Letov S 218 A Smolik

Smolik SM-153 Kauhavalla entisöitynä 1930-luvun lopun asuun (K. Partonen).

Letov Smolik coded SM-153 at Kauhava restored into the late 1930 s dress.

VL Viima II

VI-11
Lentolaivue 26
Kilpasilta
Toukokuu/May 1942

Runko oliivin vihreä, siivet ja pyrstö oranssiset, itärintamatunnukset keltaiset

Fuselage olive green 23096, wings and tail orange 12215, eastern front markings yellow 13538

Folland Gnat Mk .1

GN-111
Hävittäjälaivue 21
Luonetjärvi
Kesäkuu/June 1961

Päältä tumman vihreä - tumman harmaa, alta alumiinipronssi, kokardi sininen - valkoinen

Top dark green 24079 - dark sea grey 26173, bottom high speed aluminium 17178, cocarde blue 25123 - white 27778

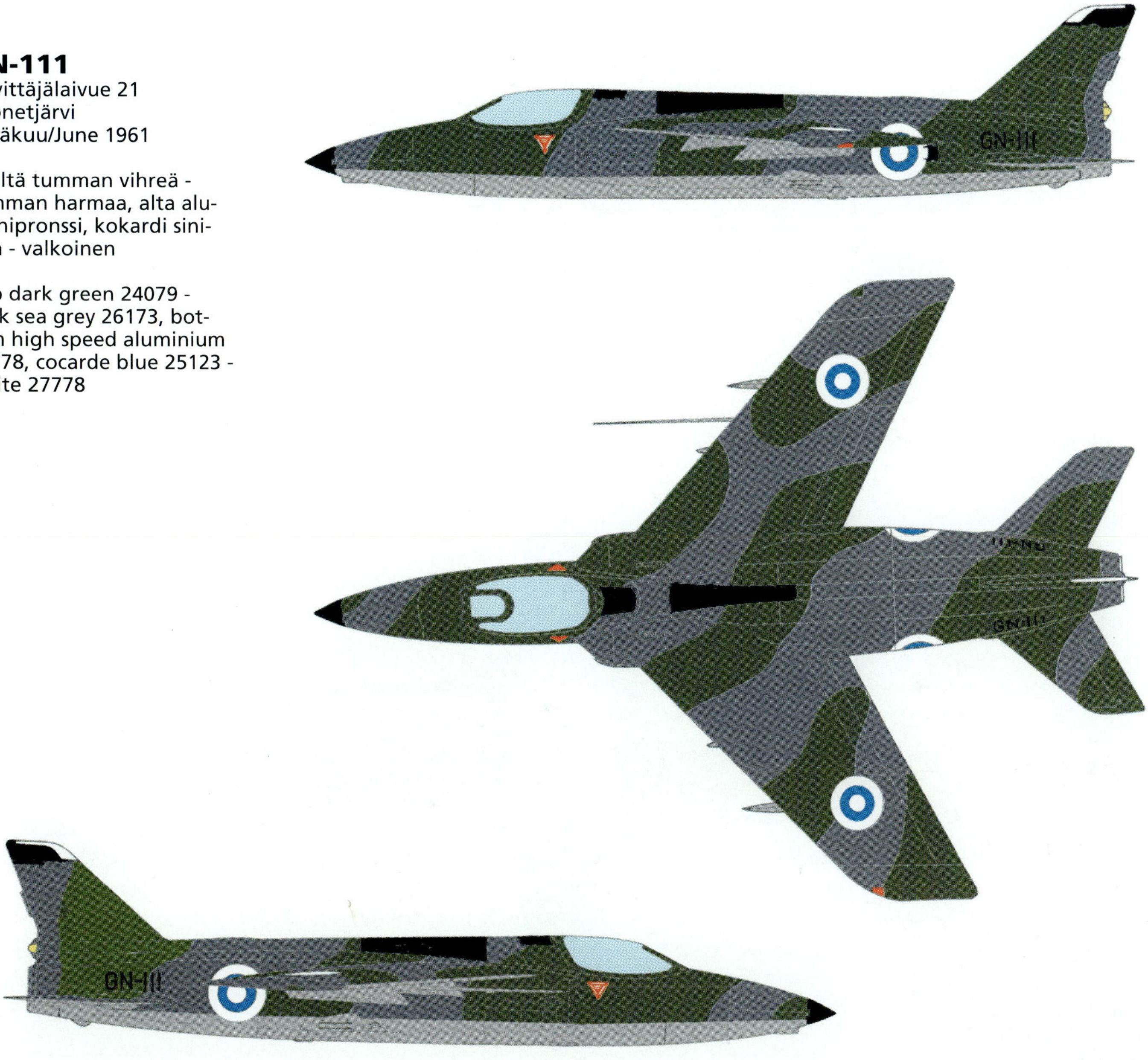

Saab 17A

SH-1
Kuljetuslentue
Utti
Elokuu/August 1960

Kokonaan keltainen, nokka- ja peräsinmerkinnät tumman punaisia

Overall yellow 23655, nose and tail markings dark red 21090

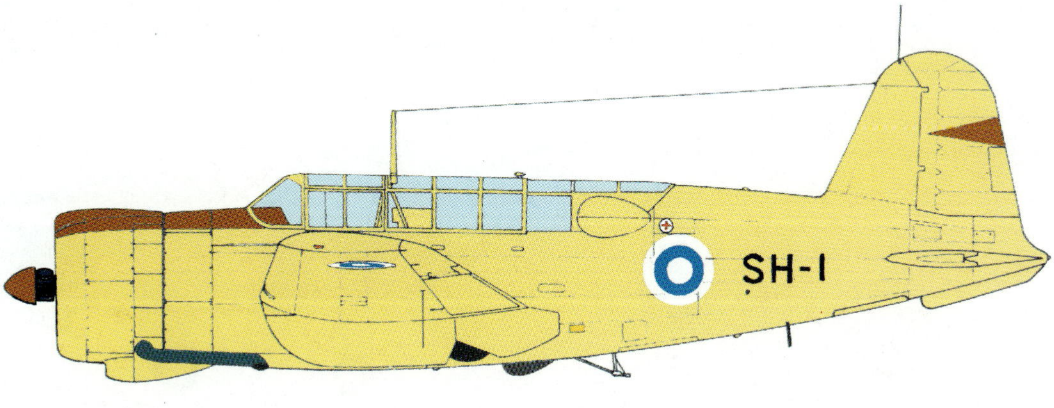

Valmet Vinka

VN-1
Ilmasotakoulu
Kauhava
Toukokuu/May 1993

Päältä tumman ruskea - vihreä, alta vaalean harmaa, nokkamerkit, siiven kärjet ja pyrstö oranssin punaiset

Top very dark drab 20040 - light bronze green 24151, bottom light aircraft grey 26440, nose markings, wing tips and tail orange red 28913

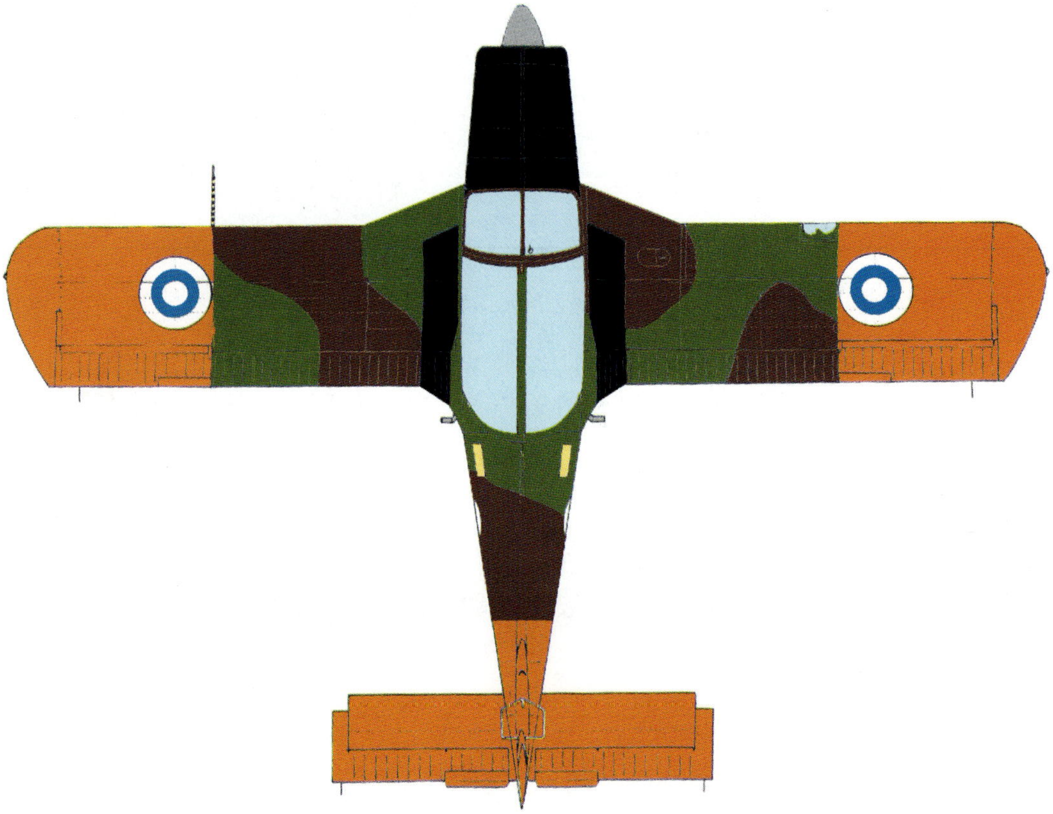

British Aerospace Hawk Mk 51

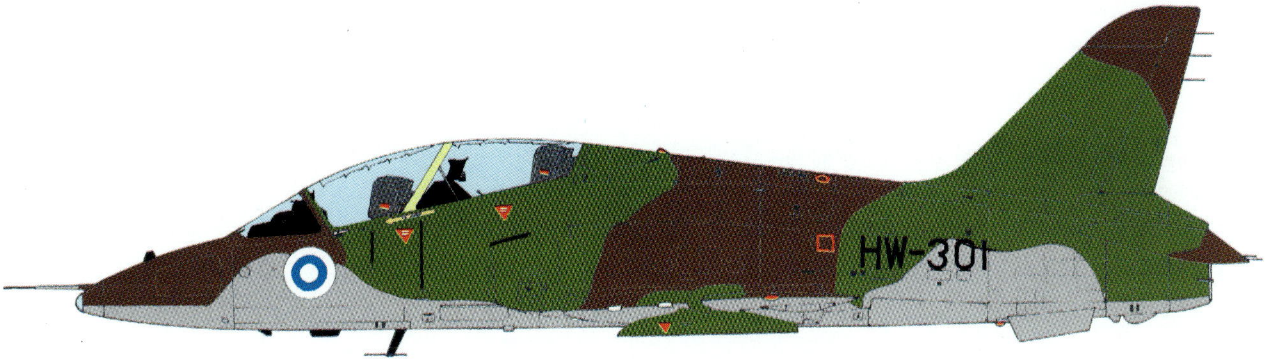

HW-301
Ilmasotakoulu
Kauhava
Kesäkuu/June 1981

Päältä tumman ruskea - vihreä, alta vaalean harmaa

Top very dark drab 20040 - light bronze green 24151, bottom light aircraft grey 26440

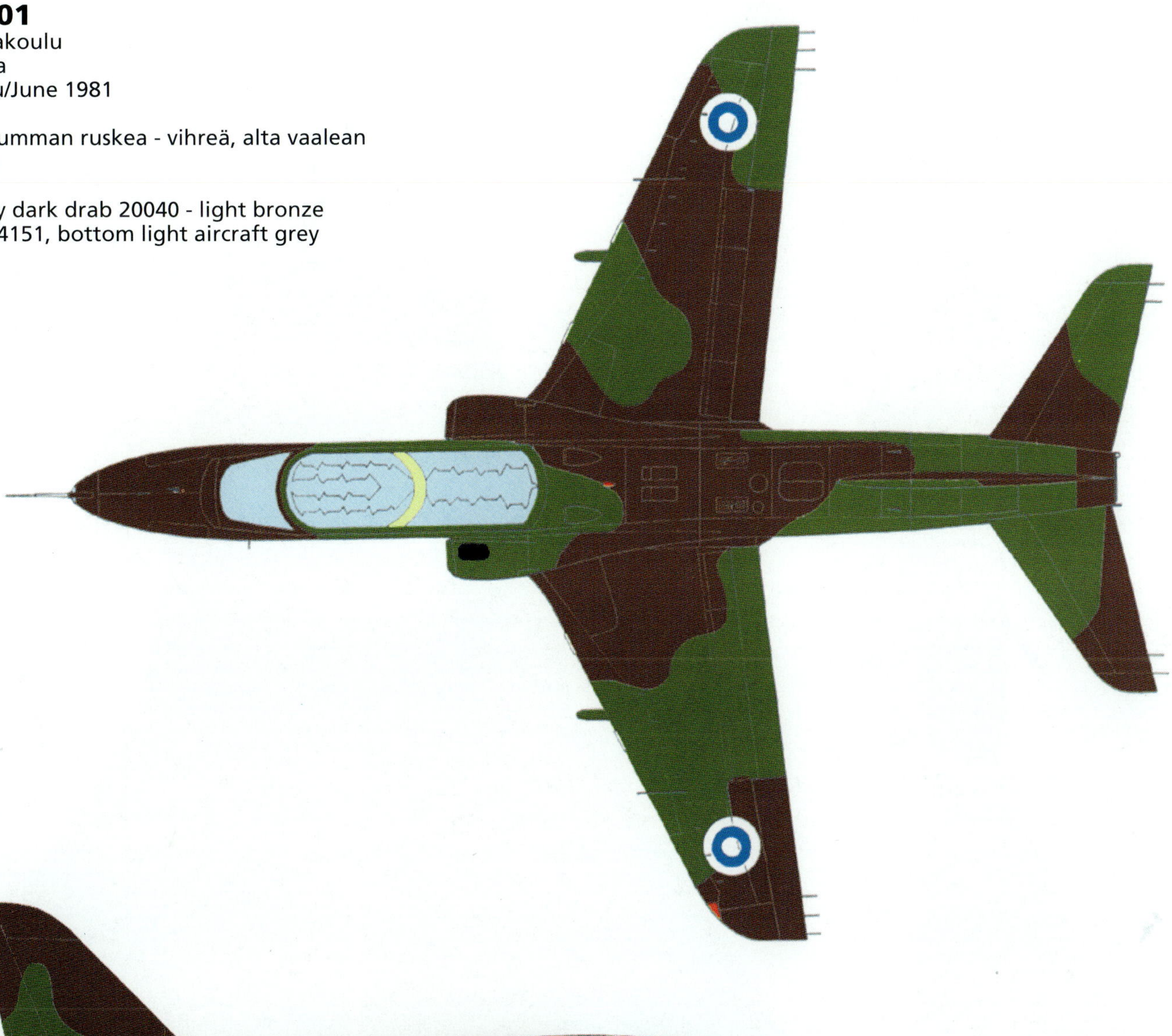

Saab 35S Draken

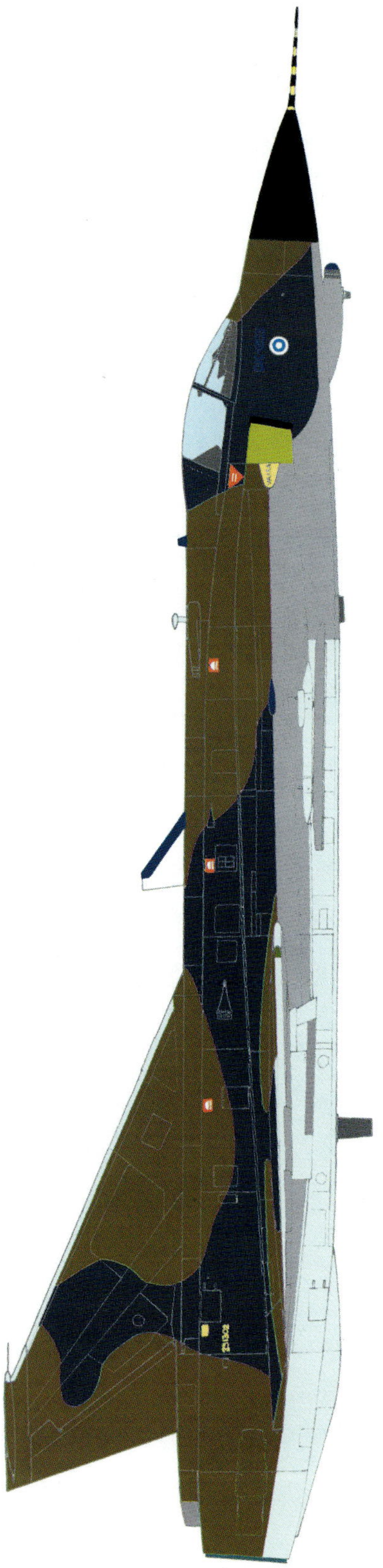

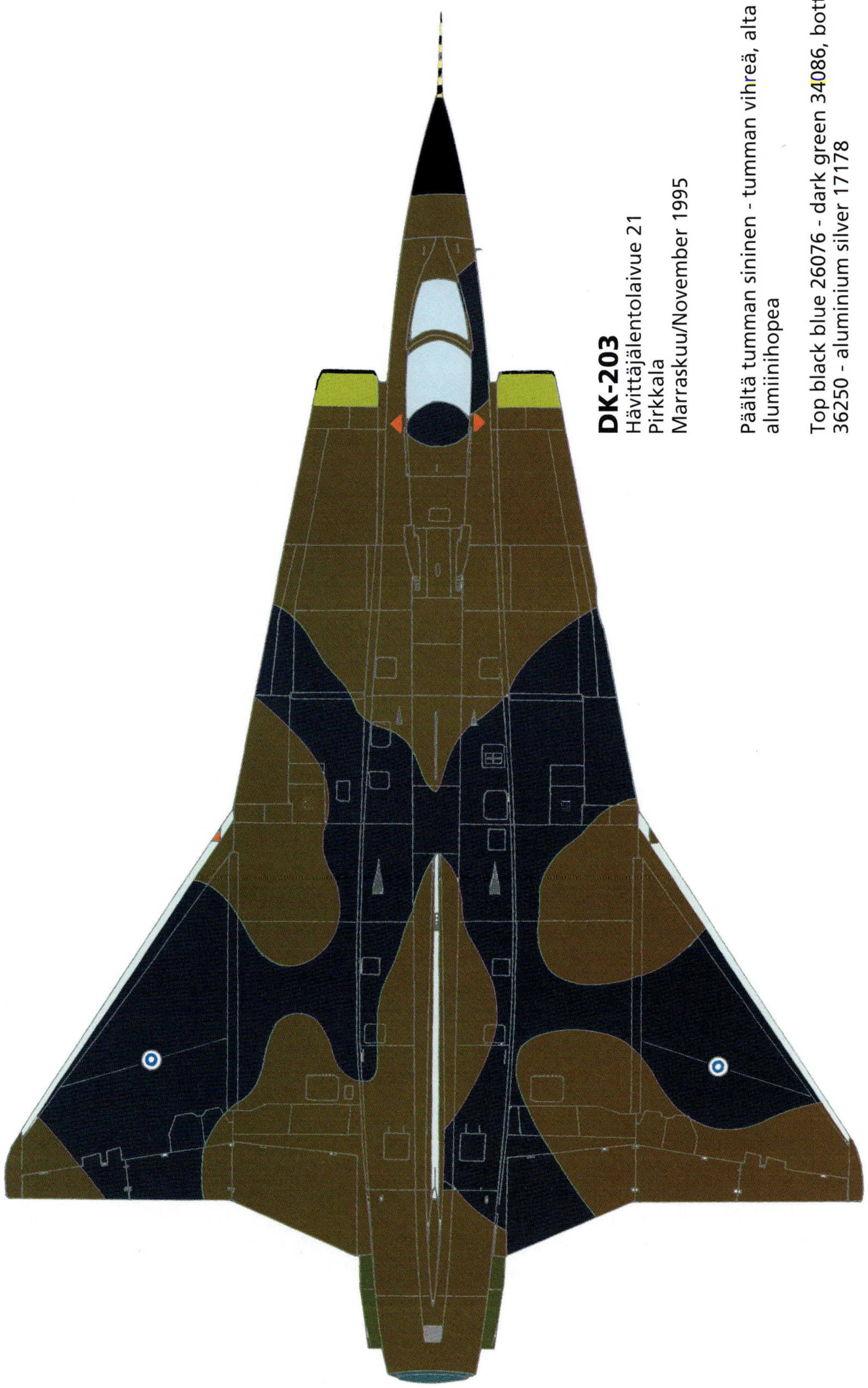

DK-203
Hävittäjälentolaivue 21
Pirkkala
Marraskuu/November 1995

Päältä tumman sininen - tumman vihreä, alta vaalean siniharmaa - alumiinihopea

Top black blue 26076 - dark green 34086, bottom light blue grey 36250 - aluminium silver 17178

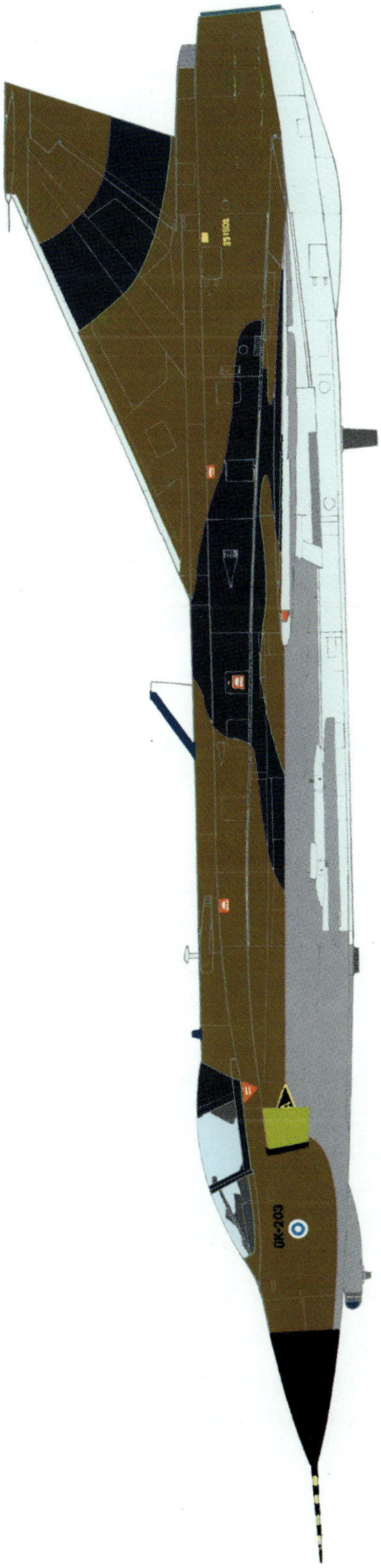

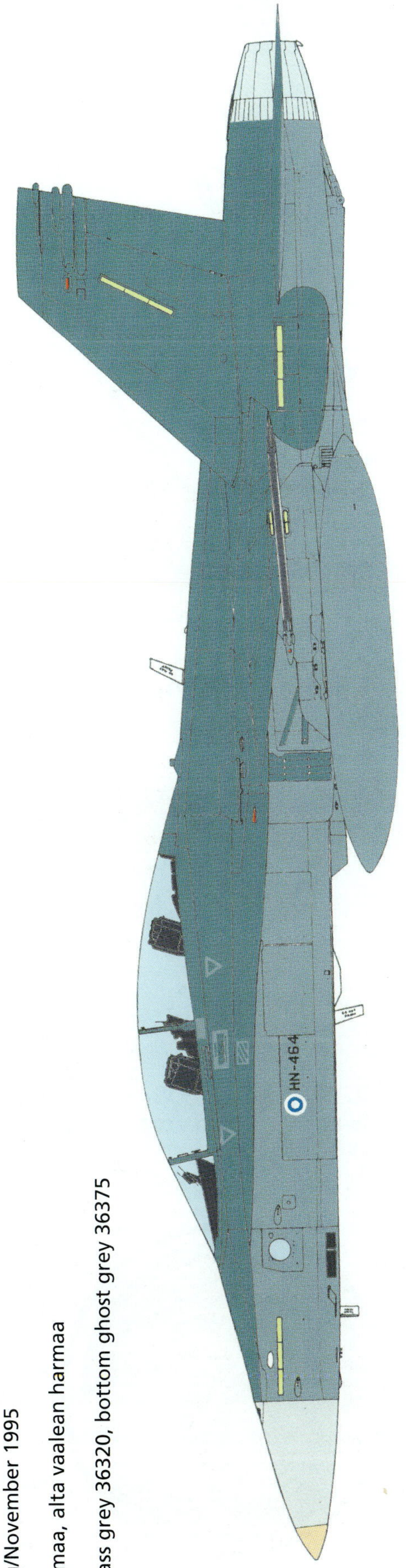

HW-354
Hävittäjälentolaivue 21
Pirkkala
Toukokuu/May 1995

Päältä tumman harmaa, alta harmaa

Top dark sea grey 36173, bottom medium sea grey 36270

HN-464
Hävittäjälentolaivue 31
Rissala
Marraskuu/November 1995

Päältä harmaa, alta vaalean harmaa

Top compass grey 36320, bottom ghost grey 36375

YKSIKKÖ- JA

1. Erillinen Merilentolaivue
1927 - 1933
IL

2. Erillinen Merilentolaivue
1927 - 1929
IL

2. Erillinen Merilentolaivue
1929 - 1933
IL, KA, MO, SÄ

Merilentoeskaaderi
1928 - 1933
IL

2/Lentolaivue 6
1942 - 1944
SB

1/Lentolaivue 12
1941
CUc

1/Lentolaivue 12
1942 - 43
FR

2/Lentolaivue 12
1942 - 1943
FR

2/Lentolaivue 16
1942 - 1943
LY

Lentolaivue 24
1941 - 1944
BW

2/Lentolaivue 24
1942 - 1943
BW, BL, DN, DB

4/Lentolaivue 24
1942 - 1943
BW

Hävittäjälento-laivue 24
1944
MT

Hävittäjälento-laivue 34
1944
MT

YKSILÖTUNNUKSET

3/Lentolaivue 44
1942 - 1943
BL

1/Pommituslento-laivue 44
1944
JK

Lentolaivue 46
1942 - 1944
DN

2/Lentolaivue 48
1942 - 1943
DB

Pommituslento-laivue 48
1944
BL, PE, DB

Yöhävittäjälentue/ HLeLv 31
1948 - 1952
MT

Hävittäjälentolaivue 33
1945 - 58
MT, JU, SZ, VI, VH

Hävittäjälaivue 31
1954 - 1980
VH, FM, MU, MG, PA, VN

1. Lennosto
1952 - 1959
BL, VH

Hävittäjälaivue 11
1954 - 1959
VH

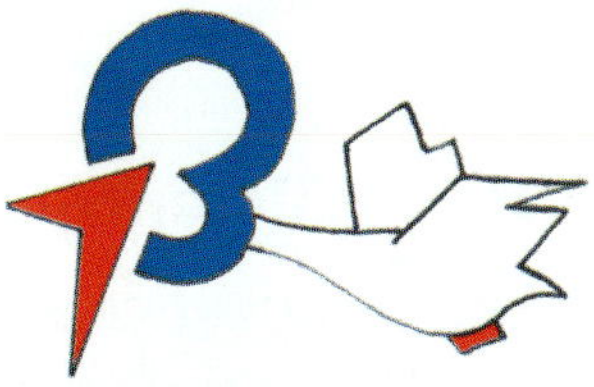

Hävittäjälaivue 13
1954 - 1961
VH, VA, VT, FM

Hävittäjälentue/ 1. Lennosto
1954 - 1959
VH

Tiedustelulentue/ 1. Lennosto
1954 - 1958
BL, DO

Hävittäjälentolaivue 11
1967 - 74
GN, FM

Tiedustelulentolaivue
1981 -
MG

Ilmasotakoulu
1968 - 1976
FM, SF

Hävittäjälentolaivue 11
1974 -
DK, PA, FM, MG, CB, HS, HW, PC, RG

Tiedustelulentolaivue
1981 -
FM, SF, PA, CB, HW, PC

Koulutuslentolaivue
1970 - 1976
FM-49

Hävittäjälentolaivue 21
1974 -
FM, PA, DK, PC, RG

Helikopterilentue/KuljLLv
1963 - 1973
HK, HR, HB

Koulutuslentolaivue
1981 -
FM, VN, PA, CB, HW, PC

Kuljetuslentolaivue
1990 -
FF, LJ, PC

Hävittäjälentolaivue 31
1980 -
MG, MK, VN, PA, HW, PC, RG

Helikopterilentue/KuljLLv
1973 -
HR, HB, HS, HH

Koelentue/Lentovarikko
1989 -
PA, HW

Breguet 14.A2
2 470
Ilmailuosasto 1
1922

Breguet 14.A2
2B.477
Ilmailuosasto 1
1922

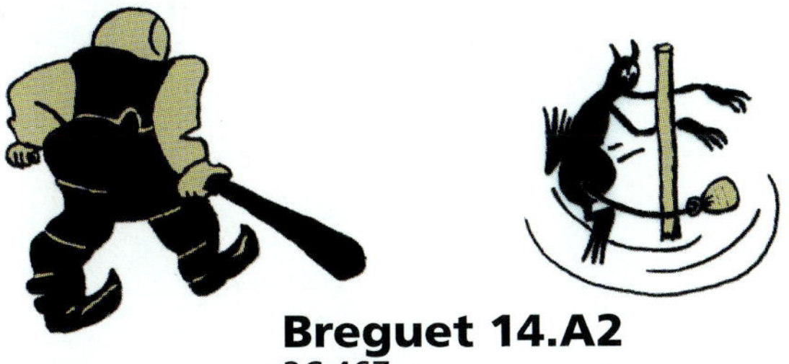

Breguet 14.A2
2C.467
Ilmailuosasto 1
1921

Georges Levy G.L.40 HB 2
3B 400
Ilmailuosasto 1
1919

Breguet 14.A2
2C.466
Ilmailuosasto 1
1922

Breguet 14.A2
3A1
Maatiedustelulaivue
1925

I.V.L. A. 22 Hansa
IL-2
Ilmailukoulu
1927

I.V.L. A.22 Hansa
4.E.25
Ilmailukoulu
1927

I.V.L. A. 22 Hansa
IL-45
Ilmailukoulu
1927

I.V.L. A.22 Hansa
4.F.66
Ilmailukoulu
1927

I.V.L. A. 22 Hansa
IL-71
Ilmailukoulu
1928

I.V.L. A. 22 Hansa
IL-109
Ilmailukoulu
1928

I.V.L. A. 22 Hansa
IL-113
Ilmailukoulu
1928

I.V.L. A. 22 Hansa
IL-118
Ilmailukoulu
1928

Bristol Blenheim IV
BL-129
ValokLtue/Lentolaivue 48
Kapt. E. Ahtiainen
1942

Bristol Blenheim IV
BL-129
ValokLtue/Lentolaivue 48
1943

Fokker D.XXI
FR-154
3/Lentolaivue 30
1941

Dornier Do 17 Z-3
DN-64
ValokLtue/Lentolaivue 48
Ltm. V. Salminen
1943

Dornier Do 17 Z-3
DN-64
ValokLtue/Pommituslento-laivue 48
Ltm. V. Salminen
1944

Fokker D.XXI
FR-157
Lentolaivue 30
Maj. L. Bremer
1941

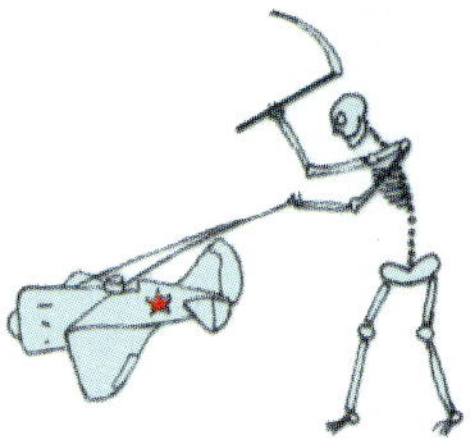

Fokker D.XXI
FR-142
2/Lentolaivue 30
Kers. A. Tirkkonen
1941

Fokker D.XXI
FR-129
2/Lentolaivue 30
Kapt. V. Karu
1941

Iljushin DB-3M
DB-16
ValokLtue/Lentolaivue 48
1942

Bristol Blenheim I
BL-143
3/Lentolaivue 42
1941

Fokker D.XXI
FR-148
3/Lentolaivue 30
Ltn. M. Kalima
1942

Fokker D.XXI
FR-103
1/Lentolaivue 12
1942

Iljushin DB-3M
DB-13
ValokLtue/Lentolaivue 48
1943

Bristol Blenheim II
BL-149
1/Lentolaivue 44
Kapt. E. Ahmo
1941

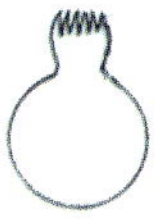

Bristol Blenheim II
BL-160
2/Lentolaivue 42
1942

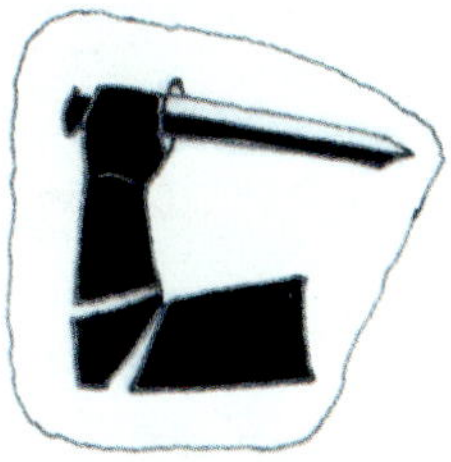

FIAT G.50
FA-19
2/Lentolaivue 26
1943

Hawker Hurricane I
HC456
1/Lentolaivue 30
Kapt. H. Kalaja
1941

Brewster Model 239
BW-364
3/Lentolaivue 24
Ltm. I. Juutilainen
1943

Fouga CM 170R Magister
FM-28
Yhteyslentue
1962

FIAT G.50
FA-1
3/Lentolaivue 26
1943

Gloster Gladiator II
GL-265
1/Lentolaivue 16
1943

VL Pyry
PY-4
Täydennyslentolaivue 35
1944

British Aerospace Hawk Mk 51
HW-302
Hävittäjälentolaivue 21
1980

Morane-Saulnier M.S. 406
MS-326
1/Lentolaivue 14
Ltn. M. Kalima
1943

Gloster Gladiator II
GL-264
2/Lentolaivue 16
1942

Dornier Do 17 Z-3
DN-58
ValokLtue/Lentorykmentti 4
1948

Saab 35S Draken
DK-210
Hävittäjälentolaivue 11
1990

Mikojan MiG-21F-13
MG-92
Tiedustelulentolaivue
1985

Morane-Saulnier M.S. 406
MS-319
1/Lentolaivue 14
Ltn. T. Vuorinen
1943

Polikarpov I-153
VH-17
3/Lentolaivue 6
Kapt. L. Karjalainen
1942

Bristol Blenheim IV
BL-204
ValokLtue/Lentorykmentti 4
1948

British Aerospace Hawk Mk 51
HW-350
Valmet
1985

Caudron G.3, 1E18., 1924

Breguet 14.A2, 3C30., 1927

Gourdou-Leseurre GL-22, GL-12, 1931

Martisyde F.4 Buzzard, MA-24, 1934

Caudron C. 59, CA-50, 1931

Morane-Saulmier M.S. 50C, MS-52, 1932

I.V.L. D.26 Haukka I, HA-39, 1927

Aero A-32 GR, AEj-59, 1941 (Tämän sivun tunnukset on B. Hielm kuvannut Vesivehmaan hallissa toukokuussa 1968)

REKISTERIMERKIT

Ensimmäisten koneiden saapuessa Suomeen keväällä 1918, niille annettiin merkintä F1, F2, F3, F4, F5 ja F6 sekä tästä eteenpäin vain parillisia numeroita ainakin F40:een asti. Tunnus oli vain kirjanpidollinen eikä sitä maalattu koneisiin.

Lentopäällikön määräyksellä 20. kesäkuuta 1918 siirryttiin varsinaisiin tunnusnumeroihin seuraavasti:

"Rekisterimerkki maalattava mustalla värillä koneen pyrstön kummallekin puolelle 20 cm korkuisena. Se koostuu yhdestä kirjaimesta ja 50 ylittävästä numerosta."

Pyrstöllä tarkoitettiin tässä takarunkoa ja merkit maalattiin käsivaralla. Esimerkiksi jälkimmäisen Nieuport 23:n rekisterimerkki oli D.62/18, jossa kirjain ilmoitti koneen käyttötarkoituksen, seuraava numero (62) oli juokseva ja viimeiset tarkoittivat käyttöönottovuotta. Koneluokat olivat seuraavat:

A	yksitaso, aseistamaton
B	kaksitaso, aseistamaton
C	kaksitaso, aseistettu
D	kaksitaso, 1-paikkainen aseistettu
E	yksitaso, aseistettu
M	kaksitaso, kiinteällä aseella
S	koulukone

Näin ehdittin merkitä nelisenkymmentä konetta, kun 20. elokuuta 1919 siirryttiin seuraavaan merkintätapaan, joka yhdelle Fokker D.VII hävittäjälle oli muotoa 1C.357, jossa ensimmäinen numero ilmoitti istuinpaikkojen määrän. Kirjain paljasti koneen käyttötarkoituksen ja lukusarjan ensimmäinen numero alkuperän. Kaksi viimeistä numeroa muodostivat varsinaisen rekisteriosan, jossa edellinen ollessaan 5 tai suurempi tarkoitti maakonetta, muutoin vesikonetta.

Koneluokat:		Alkuperä:	
A	koulukone	1	venäläinen
B	tiedustelukone	2	ruotsalainen
C	taistelukone, 2-taso	3	saksalainen
D	taistelukone, 1-taso	4	ranskalainen
E	kaksimoottorikone		

Tämäkään merkintä ei ollut voimassa kauan, sillä se osoittautui liian hankalaksi ja vuoden 1922 alusta otettiin uusi merkintä käyttöön. Esimerkiksi eräälle Breguet 14.A2 koneelle se oli 3A.1, missä ensimmäinen numero ilmaisi koneen käyttötarkoituksen, kirjain hankinta- tai valmistusvuoden ja viimeinen numero oli juokseva.

Koneluokat:		Hankintavuosi:	
1	koulukone	A	1919
2	koulukone	B	1920
3	maatiedustelukone	C	1921
4	meritiedustelukone	D	1922
8	hävittäjä	E	1923
		F	1924
		G	1925
		H	1926

Toukokuun 9. päivänä 1927 määrättiin käyttöönotettavaksi vielä nykyään voimassa oleva lentokoneiden merkitsemistapa. Se on muotoa esim. MS-52, jossa lentokoneen nimestä johdettu kirjainyhdistelmä ilmoittaa, mistä tyypistä on kysymys. Numerointina on kullekin tyypille oma sarja juoksevasti. Nyt voitiin lyhyesti ja selvästi määrittää mikä tahansa koneyksilö.

Koiviston Lentoaseman Friedrichshafen FF 49 C kone C.59/18 keväällä 1918. Rekisterimerkki on ensimmäistä tyyliä. C kirjain ilmaisi koneluokan, numero 59 oli juokseva ja 18 käyttöönottovuosi (N. Jusu).

Friedrichshafen FF 49 C coded C.59/19 of Koivisto Air Station in spring 1918. The registration is of the first type. Letter C told the aircraft class, number 59 was consecutive and 18 exposed the year of acquisition.

(Ylhäällä) Ilmailuosasto 3:n Stetinin M-16 kone 2.A.103. Sortavalassa kesällä 1921. Tämä rekisterimerkintä alotettiin elokuussa 1919. Numero 2 ilmoitti istuinpaikat, A oli koulukone ja numero 1 tarkoitti venäläistä ja 03 oli juokseva numero (Ilmavoimat). (Keskellä) Ilm.Os. 1:n Caudron G.3 kone 1E17. rikkoutuneena Utissa 11.10.23. Rekisterimalli otettiin käyttöön vuoden 1922 alussa, joskin siirto koneisiin vei joskus kuukausia. Numero 1 tarkoitti koulukonetta, E käyttöönottovuotta 1923 ja numero 17 oli juokseva (E. Juurikas). (Alhaalla) Spad S.34 koneet 2C.1. ja 2C.2. romuttumassa Utissa 1920-luvun jälkipuoliskolla. Tässä käytetyt kirjasinmallit esiintyivät useissa koneissa (E. Juurikas).

(Top) Stetinin M-16 serialled 2.A.103. of Ilm.Os. 3 at Sortavala in summer 1921. This form of registration became valid in August 1919. Figure 2 informed the number of seats, A was a trainer and digit 1 meant Russian origin and 03 was consecutive. (Centre) Caudron G.3 coded 1E17. of Ilm.Os. 1 broken at Utti on 11 October 1923. The registration type was introduced at the beginning of 1922, although the transfer to the planes took often months. Number 1 meant a trainer, E taken on charge in 1923 and 17 was conseciutive. (Bottom) Spad S.34 trainers 2C1. and 2C2. becoming scrap at Utti in late 1920s. This type of lettering appeared on several types of aircraft.

TUNNUSNUMERON MAALAUS

Ensimmäiset vuodet rekisterimerkit olivat monen tyyppisiä ja usein käsivaralla maalattu, mutta vuodesta 1921 alkaen samanlaisella kirjasimella maalattuja runkonumeroita alkoi esiintyä mm. Friedrichshafen FF 49 (2C 302.), Rumpler C.VI-II (2.B.350.) ja Breguet 14 (3C. 30.) koneissa. Rekisterimerkissä saattoi pisteitä olla aina kolme kappaletta.

Vuoden 1922 alun merkintäuudistuksen mukana tuli myös vakioitu, usein varjostettu kirjasinmalli mm. Spad S.34 (2C. 2.), Breguet 14 (3C. 21.) ja Caudron C.60 (1E.20.) koneisiin. Tunnusnumero oli yleensä musta vaalealla pohjalla ja valkea tummalla pohjalla.

Ilmailuvoimien Lentokonetehdas otti vuoden 1922 marraskuussa käyttöön standardisoidun kirjasinmallin omassa tuotannossaan. Ensimmäinen näin merkitty kone oli toisena valmistunut Hansa (4.D.2).

Tuontikoneitten osalta rekisterimerkit olivat tyyliltään ja usein myös kooltaan aluksi konekohtaisia, minkä seurauksena muutamassa vuodessa päästiin melkoiseen kirjavuuteen, koska uudet tai uuden tyyppiset merkit maalattiin vasta peruskorjauksen yhteydessä. Viive oli helposti parikin vuotta.

Arkistoista ei ole löydetty mitään alkuaikoja koskevia ohjeita milloin, missä tai minkä tyylisiä rekisterimerkkejä piti käyttää. Runsaasta ja yleensä aikamäärein olevasta valokuvamateriaalista voidaan todeta vuonna 1925, tehtaan tuotantoa lukuunottamatta, siirrytyn laajasti useammissa konetyypeissä käytettyyn kirjasinmalliin, esim. Caudron C.60 (1F 39.), Breguet 14 (3 A 2.), Morane-Saulnier 50 (2 G 11.).

Siiven alapuolella havaittiin ensimmäinen rekisterimerkitä talvella 1926/27 Gourdou-Leseurre (8F 19) koneessa. Käytäntö yleistyi nopeasti sekä hävittäjä- että koulukoneisiin jolloin käytettiin sekä koko rekisteriä että pelkkiä numeroita.

Toukokuussa 1927 uusittu merkintätapa ei poistanut eri tyylejä kirjasimissa, lisäksi koulukoneissa siirryttiin rungon korkuisiin ja usein eri värisiin rekisterimerkkeihin pelkästään havaittavuussyistä.

Gamecock hävittäjien lisenssivalmistuksen yhteydessä vuoden 1929 lopulta lentokonetehdas siirtyi käyttämään uutta kookkaampaa kirjasinmallia kaikissa valmistamissaan tai peruskorjaamissaan koneissa.

Ennen lentokoneiden merkintöjen kokonaisuudistusta oli koneiden runkotunnuksissa laajemmassa käytössä, tehtaan numeroiden lisäksi, kuusi erilaista kirjasinmallia.

Aivan aiheesta määrättiin 20. maaliskuuta 1934 annetussa Suomen Ilmailun Pysyväimääräyksessä IV BA2 kansallisuus- ja rekisterimerkkien uudet maalaustavat, jossa tunnuksen kooksi tuli puolet rungossa olevan hakaristin korkeudesta ja kirjasinmalliksi SFS Z.I.1 mukaiset kirjaimet ja numerot. Lisäksi koneissa sallittiin vain lentokonetehtaan sarjamerkit.

Koulukoneiden havaittavuuden parantamiseksi määrättiin 26. marraskuuta 1937 yhteen Smolikiin (SM-138) maalattavaksi runkotunnus siten, että kirjainten koko säilyy entisenä, mutta numerot ovat suuret ja lisäksi numero maalataan mustana siiven alle. Tämä aiheutti myös kansallisuustunnuksen siirtämisen peräsimeen.

Utin Maalentoeskaaderin Gourdou-Leseurre GL-22 kone 8F.19 laskussa talvella 1926/27. Tämä on ensimmäinen havainto siiven alapuolisesta rekisterimerkistä (Sotamuseo).

Gourdou-Leseurre GL-22 of M.L.E. based at Utti landing in winter 1926/27. This is the first observation of the serial number being applied under the wings.

Kokemukset olivat hyviä ja 13. tammikuuta 1939 kaikkien SM-koneiden merkit määrättiin maalattavaksi yllämainitulla tavalla, paitsi siiven alapuolen numero valkoisena. 13.5.39 määräys laajennettiin koskemaan myös VI- ja TU-koneita sekä myöhemmin SZ-koneita.

Uutta SIP IV BA2 (katso sivu 151) määräystä noudatettiin kirjaimellisesti, vain ulkomailta hankituissa koneissa kirjasinmalli hiukan poikkesi määrätystä. Talvisodan aikana tullut suuri, erilaisten koneiden määrä otettiin luonnollisesti käyttöön siinä asussa, mihin ne oli maalattu. Rekisterimerkit maalattiin pääosin Ruotsissa, missä useimmat koneet koottiin ja kirjasin oli paikallisen standardin mukainen. Tunnusnumeroita oli usein myös siiven alapinnalla ja joskus yläpinnallakin.

Sittemmin kaikkiin tuontikoneisiin maalattiin tunnukset täällä ja silloin pitäydyttiin SFS Z.I.1 standardissa aina vuoteen 1954 asti, jolloin Vihurien myötä hiukan muunnettu kirjasin tuli käyttöön viideksi vuodeksi, jonka jälkeen rekisterimerkkien kirjavuus taas vähitellen alkoi.

29.marraskuuta 1968 kansallisuusmerkin standardisoinnin yhteydessä myös rekisterimerkin kirjasin vakioitiin ja luotiin neljä kokoluokkaa, joista itse rekisteri määritettiin konetyypeittäin. Kirjasimen korkeudet olivat 32, 40, 48 ja 60 cm. Tunnusnumero maalattiin tai tarroitettiin mustalla vaaleille pinnoille ja valkoisella tummille pinnoille.

Vuonna 1980 käyttöön otetun kotimaassa suunnitellun suojamaalauksen myötä rekisterimerkit muutettiin mustiksi, uusissa tyypeissä heti ja vanhemmissa vasta kun kone tarvitsi uudelleenmaalauksen. Poikkeuksen muodosti Saab 35FS Drakenien erä, jossa tunnusnumerot olivat vanhaan tapaan valkoiset.

Ensilinjan taistelukoneiden ja suihkuharjoituskoneiden kansallisuustunnuksen pienentämisen yhteydessä 22. lokakuuta 1988 myös rekisterimerkki pienennettiin ja siirrettiin 10 cm korkuisena takarungosta ohjaamon etuosan alle.

(Ylhäällä) Ilmailukoulun Hansassa 4.E.19 oli syksyllä 1925 rekisterinumero poikkeuksellisen suurilla symboleilla. Myös 4.E.16:ssa oli samankokoinen runkonumero (K-SIM). (Alhaalla) Caudron C.60 kone K a 56 tehtaalla Suomenlinnassa helmikuussa 1927. Koneessa on kokeilurekisteri, joka seuraavassa toukokuussa muutettiin CA-61:ksi (K-SIM).

(Top) Hansa 4.E.19 of Ilm.K. in autumn 1925 wearing an exceptionally large registration number. Also 4.E.16 had a similarr serial on the fuselage. (Bottom) Caudron C.60 coded K a 56 at the factory at Suomenlinna in February 1927. The registration is experimental and was amended to CA-61 in the next May.

Aero A-32 GR, AEj-63, 1933

Oik: Mikojan MiG-21F-13,
MG-65, 1964

Fokker C.X, FK-82, 1938

Valmet L-90 TP Redigo, RG-2, 1996

BAe Hawk, HW-301, 1981

Saab 35FS Draken, DK-255, 1995
(Tekijän kokoelmat)

HAKARISTI 1918 - 45

Suomen kansallisuustunnuksen synty alkoi, kun ruotsalainen kreivi Eric von Rosen maalautti Umajassa 2. maaliskuuta 1918 hankkimansa Thulin typ D koneen siipien alapinnoille onnenmerkkinsä, sinisen hakaristin valkealle pohjalle. Neljä päivää myöhemmin kone saapui Vaasaan valkoisen Suomen armeijalle.

Silloinen "ilmailutarhan" komentaja kapteeni Allan Hygerth ehdotti 13. maaliskuuta 1918 Suomen tasavallan armeijan komentajalle hyväksyttäväksi lentokoneiden tunnukseksi von Rosenin hakaristin lisättynä silloisella valtiolipulla. Liitepiirroksessa oli hakaristi, jonka hakojen leveys oli 3/16 merkin sivusta ja punainen 1:2 lippu, jonka vaakapalkki oli 1/4 lipun korkeudesta ja pystypalkki 1/8 leveydestä sijaiten 2-3/8 kohdalla.

Mainitun armeijan komentaja kenraali Carl Gustaf Emil Mannerheim hyväksyi ehdotuksen ja tiedotti joukoilleen 18.3.1918 ylipäällikön päiväkäskyssä n:o 26: "Kaikkien joukkojen tiedoksi ilmoitetaan täten, että lentokoneemme tulevat toistaiseksi käyttämään tuntomerkkinä siivissä ja rungossa seuraavaa merkkiä (hakaristi) sinisellä värillä, jotapaitsi ohjasimeen tullaan kiinnittämään punainen lippu pystysuoralla keltaisella ristillä."

Säilyneistä lentokoneista tai niiden osista määritetty sininen väri oli sävyltään tummahko ja Federal Standard FS 595a:n asteikolla (35053) edustaa hyvää keskiarvoa. Pyrstöön määrätty lippu tiedetään maalatun vain kahteen koneeseen (F2 ja F3).

Seuraavalta kuudeltatoista vuodelta ei arkistoista eikä muualtakaan ole löytynyt tarkkoja ohjeita kansallisuutunnuksesta tai sen sijoittamisesta lentokoneeseen. Runsaasta valokuvamateriaalista on voitu tehdä yleisiä päätelmiä seuraavan tiivistelmän mukaan.

Vapaussodan aikana hakaristi maalattiin useimmiten valkoiselle neliöpohjalle niin suurena kuin mahtui ja koneessa saattoi tunnuksia olla jopa kymmenen kappaletta. Hakaristin sakarat olivat myös useasti kapeampia, kuin ohje edellytti ja joskus risti saattoi esiintyä peilikuvana.

Vuonna 1919 alkoi vakiintua tunnuksiin valkoinen ympyräpohja ja hakaristin sakarat saivat normaalin 1/5 leveyden niiden korkeudesta. Merkit maalattiin normaalisti kahdeksaan kohtaan konetta: alasiipien alle ja yläsiipien päälle sekä rungon ja peräsimen molemmille puolille. Tunnuksen koko valittiin silmämitalla.

1920-luvun alussa tunnus jätettiin pois rungosta suurimmassa osassa konetyyppejä, huomattavan poikkeuksen muodosti Hansa kellukekoneet, joissa kansallisuusmerkki oli rungossa, mutta ei peräsimessä. Osa tunnuksista oli peilikuvana erityisesti Gourdou-Leseurre hävittäjissä.

Vuonna 1927 kansallisuustunnus siirtyi yleisesti peräsimestä takaisin runkoon. Englantilaisissa tuontikoneissa merkki esiintyi vielä jossain kohdassa peilikuvana.

20. maaliskuuta 1934 tämä monenlainen kansallisuustunnusten sekavuus lopetettiin Suomen Ilmailun Pysyväisyysmääräyksellä IV BA2, joka on esitetty seuraavalla sivulla.

Sinisen värimääritys Federal Standard 595a:n mukaan oli (25123), mikä oli selvästi vaaleampi kuin vanhemmasta perinnemateriaalista määritetyt aiemmin käytetyt siniset sävyt.

Määräys oli selvä ja yksinkertainen ja sitä noudatettiin myöhempine lisäyksineen, tuontikoneita lukuunottamatta, tunnollisesti yksitoista vuotta.

Ilmasotakoulussa syntyi tarve tunnistaa koulukone lennossa ja 26.11.37 määrättiin yksi Smolik (SM-138) maalattavaksi siten, että rekisterimerkin eli tunnusnumeron numero-osaa suurennettiin rungon korkuiseksi ja kansallisuusmerkki siirrettiin peräsimeen.

Saatuihin myönteisiin kokemuksiin perustuen määrättiin 13. tammikuuta 1939 kaikki SM-koneet näin maalattavaksi. 13.5.39 määräys laajennettiin koskemaan myös muita koulukoneita. Muutostyö tuli suorittaa korjauksen yhteydessä.

Toisen maailmansodan sytyttyä aloitettiin Suomessa yleiset harjoitukset lokakuussa 1939, jolloin useita lentokoneita pyrittiin häivyttämään tummaa maastoa vasten maalaamalla kansallisuusmerkin valkeasta ympyrästä suurin osa vihreällä. Toimenpide ei ollut ilmavoimien johdon mieleen ja Talvisotaan mennessä merkit olivat "puhtaat".

Talvisodan aikana ulkomailta Suomeen lennetyissä koneissa oli eri menetelmiä käyttäen kansallisuusmerkistä jätetty hakaristi pois, koska puolueettomaksi julistautunut Ruotsi ei sallinut sotilastunnuksin merkittyjen koneiden kauttalentoja. Saavuttuaan maahamme hakaristit ilmestyivät nopeasti lentokoneisiin. Merkin pohja saattoi olla valkoisen sijasta myös vaalean harmaa tai alumiinipronssinen.

23. heinäkuuta 1940 täsmennettiin SIP IV BA2 pysyväismääräystä siten, että kansallisuustunnuksen valkoisen ympyrän halkaisija ei saanut olla yli 1 m. Käytännössä tämä johti siihen, että siipitunnukset olivat yleisesti metrin suuruisia.

Kansallisuustunnuksen synty. Kreivi von Rosenin Thulin typ D:n siipiin maalataan hänen hyvän onnen symbolinsa, sininen hakaristi, Uumajassa 2.3.18 (Ilmavoimat).

Birth of a national insignia. The wings of Thulin typ D owned by count von Rosen are being painted his symbol of good luck, a blue swastika at Umeå on 2 March 1918.

S I P	Suomen Ilmailun Pysyväismääräykset	IV BA 2

Sotilaslentokoneiden kansallisuusmerkki ja sen paikat lentokoneessa

Kansallisuusmerkki:

Sininen (ultramarin) hakaristi valkealla pohjalla. Katso allaolevaa piirrosta.

Hakaristin ja ympyrän ääriviivoja ei merkitä.

Kansallisuusmerkin paikat:

1) Siiven (2-tasoissa alasiiven) alapinnalla, kääntöpuolella olevan piirroksen I mukaan.

2) Kummallakin puolen koneen rungossa. Ohjaamon (2-paikkaisissa tähystämön takaseinän) ja sivuvakaajan etureunan välisellä alalla siten, että kansallisuus- ja koneen rekisterimerkki on kokonaisuutena mainitun alan keskellä. Katso piirrosta II. Kansallisuusmerkin valkean pohjan suuruus 4/5 rungon leveydestä sillä kohtaa. Kirjaimet ja numerot S F S taulukon Z. I. 1 mukaiset ja niidenkorkeus 1/2 hakaristin korkeudesta (= 2,5a).

3) Siiven (2-tasoissa yläsiiven) yläpinnalla piirroksen III mukaan.

Muita merkkejä kuin edellä määrätyt ja Valtion Lentokonetehtaan sarjamerkit, ei sotilaiskoneissa sallita.

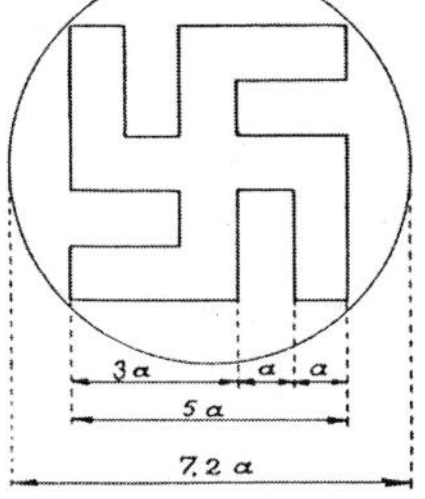

Julkaistu: 20. 3. 34.	Hyväksytty käytäntöön:	Ilm. V:ssa pvk N:o 10 /34

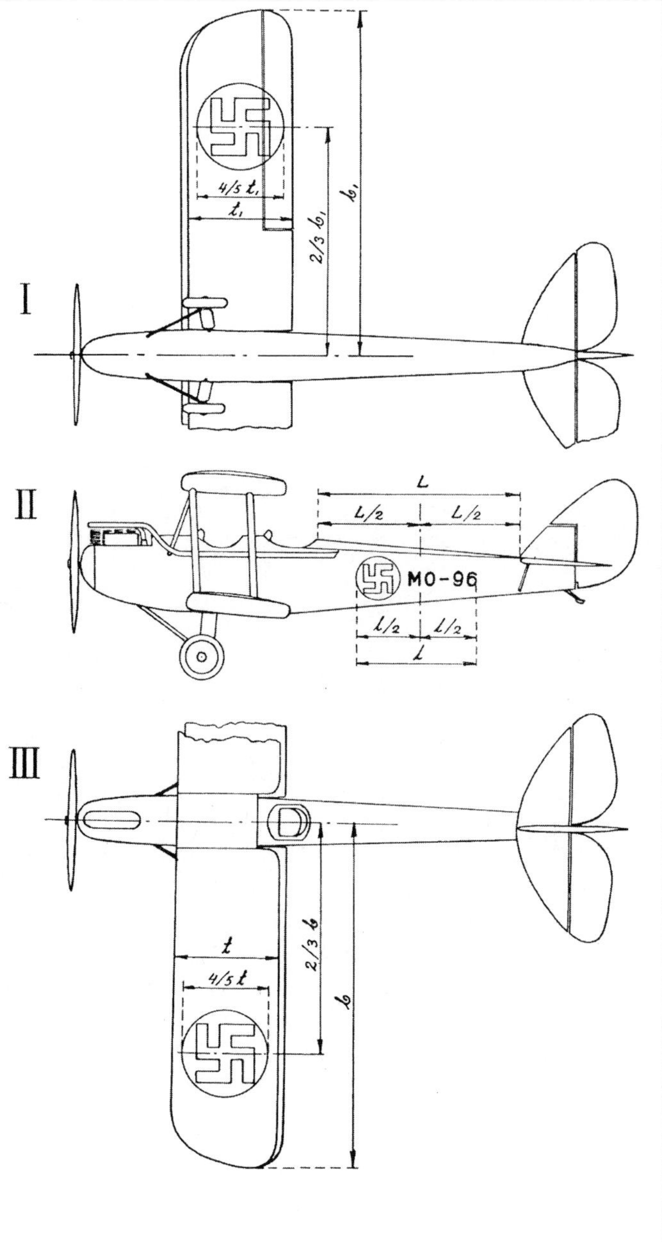

Kansallisuusmerkin valkoinen ympyrä näkyi tummaa maastoa vasten kauas ja Jatkosodassa erityisesti tiedustelulaivueet aloittivat jo ensimmäisenä sotakesänä tunnusten himmentämisen. Siipien yläpuolen ja joskun rungonkin merkeistä valkeaa osaa peitettiin vihreällä maalilla, käytännön jatkuessa sodan loppuun asti.

Sotaakäyvistä maista sekä Englanti että Yhdysvallat muuttivat kansallisuustunnuksensa vähemmän näkyviksi kesällä 1942. Suomessakin asia kyti, mutta asemasodan luonteen vuoksi ei ollut erityistä kiirettä laajempiin muutoksiin.

13. lokakuuta 1943 ilmavoimien esikunnan sotavarustusosasto sai tehtäväkseen tutkia, kuinka lentokoneitten tunnukset (kansallisuusmerkki ja keltainen tunnusmerkkki) voitaisiin himmentää siten, että merkit selvästi erottuvat hävittäjien ampumaetäisyydeltä, mutta eivät paljasta konetta liian kaukaa.

Lentovarikko määrättiin tutkimaan kokeellisesti asiaa ja antamaan esitys sotavarustusosastolle. Kokeilujen suorituksesta annettiin seuraavat ohjeet:

- em. hävittäjän ampumaetäisyydeksi määritettiin 600 m

- merkit oli pyrittävä saamaan sellaiseksi, että ne näkyvät riittävästi pilvisellä ilmalla, mutta eivät paljasta konetta aurinkoisella, kirkkaalla säällä enempää kuin koneen koko, liike ja ääriviivojen muoto

- ko. merkkien muutos on voitava toteuttaa joukko-osastoissa vähin välinein ja lyhyessä ajassa. On pyrittävä siihen, että muutos on helppo toteuttaa

Lentovarikon Koelaivue kokeili kahdeksaa eri kansallisuusmerkkiä:

1. Muuten entinen, valkoisessa ympyrässä pieniä täpliä
2. Pohjaympyrä vihreä
3. Pelkkä valkoinen hakaristi
4. Valkoinen hakaristi vihreässä ympyrässä
5. Pelkkä valkoinen ääriviivahakaristi
6. Muuten entinen, pohjaympyrä harmaa
7. Sininen hakaristi, hakojen välit harmaat
8. Valkoinen ympyrä, jossa pohjan värinen hakaristi

Koelaivue päätyi suosittelemaan vaihtoehtoa 5. parhaimpana todeten lisäksi, että keltaisia tunnusmerkkejä ei tarvitse muuttaa. Ilmavoimien esikunta piti kuitenkin merkkiä 5. uutena ja valitsi merkin 6. toteamalla, että vain pohjan sävyä on muutettu.

Tällä perusteella määrättiin 12. tammikuuta 1944 sotakoneiden kansallisuustunnuksen taustat himmennettäväksi DN-värillä (25414). Muutos toteutettiin uusiin koneisiin heti ja muihin yleensä vasta peruskorjauksen yhteydessä, jolloin tehdas maalasi näin kaikki tunnukset. Yksiköissä tunnuksia himmennettäessä käytettiin muitakin harmaita maaleja ja jätettiin usein alapuolen kansallisuusmerkkeihin valkoinen pohja.

SW 20 (Albatros B.II) Vehmaisissa maaliskuussa 1918. Ensimmäisissä koneissa runkotunnus oli valkoisella nelikulmiolla ja parissa oli varhainen puna-keltainen valtiolippu peräsimessä (Sotamuseo).

SW 20 (Albatros B.II) at Vehmainen in March 1918. The early aircraft had the fuselage insignia on a white quadrangle and a few had the early Finnish red and yellow state flag on the rudder.

(Ylhäällä) Ilm.K.:n Morane-Saulnier M.S 50C kone 2G6. Santahaminassa 20.2.26. Kansallisuusmerkin ympyrä on kehystetty sinisellä (Ilmavoimat). (Keskellä) Curtiss Hawk 75A:n siipi tehtaalla vuonna 1943. Kansallisuusmerkin ja itärintamatunnuksen sijainti oli tyypillisesti tällainen (VL). (Alhaalla) Blenheim BL-189 kansallisuusmerkkikokeiluissa tehtaalla Tampereella marraskuussa 1943. Koelaivue piti tätä vaihtoehtoa parhaana, mutta esikunta valitsi DN-värillä himmennetyn (Ilmavoimat).

(Top) Morane-Saulnier M.S. 50C coded 2G6. at Santahamina on 20 February 1926. The national insignia has a blue surround. (Centre) The wing of a Curtiss Hawk 75A at the factory in 1943. The location of the national insignia and eastern front marking is clearly shown. (Bottom) Blenheim BL-189 at the factory at Tampere in November 1943 experimenting toned down insignia. The testing unit KoeLv considered this alternative as the best, but the headquarters chose one that had the white circle darkened with DN-colour 35414.

KOKARDI 1945 -

Syksyllä 1944 saapui liittoutuneitten valvontakomissio venäläisten johdolla tarkkailemaan välirauhansopimuksen noudattamista ja suomalaisten sotaa pohjoisessa Saksaa vastaan. Neuvostoliittolaisia ärsytti suomalaisten lentokoneissaan käyttämä hakaristitunnus, koska sellainen oli heidän perivihollisella saksalaisillakin.

Valvontakomissio painosti maan hallitusta ja 13. maaliskuuta 1945 julkistettiin seuraavaa:

"Tasavallan presidentti on määrännyt, että Suomen ilmavoimien kansallisuusmerkkinä on 1.3.1945 alkaen oleva sotilaskokardin mukainen sininen ja valkoinen ympyrä. Milloin tämä tulee valkoiselle tai vaalealle pohjalle, ympyröidään se selvästi erottuvalla mustalla kehysviivalla. Samalla kun entinen kansallisuusmerkki poistetaan, jätetään käytöstä pois muutkin ilmavoimien kalustossa olleet hakaristiaiheiset tunnusmerkit.

Ylläolevan johdosta annetaan uusien merkkien maalaamista varten seuraavat ohjeet:

1) Merkit maalataan koneissa samoihin paikkoihin kuin tähänastiset hakaristimerkit on maalattu.

2) Merkin koko (suurin halkaisija) on 2/3 nykyisestä.

3) Muoto määritetään siten, että sisimmän valkoisen ympyrän säteen ollessa =r, on sinisen ympyrärenkaan suurempi säde =2r ja ulomman valkoisen renkaan =3r.

4) Värien sävy on sama kuin hakaristimerkeissä.

Muutos on toteutettava heti, niin ettei tämän määräyksen saavuttua enää lennetä vanhoilla merkeillä varustetuilla koneilla. Varastoitujenkin koneiden merkit on muutettava 1.4.1945 mennessä."

Uutta määräystä noudatettiin varsin tunnollisesti vuoteen 1960 asti, jolloin palvelukseen tuli kaksi kookasta 2-moottorista tyyppiä, maalinhinaukseen neuvostoliittolainen Iljushin Il-28 ja kuljetukseen Douglas C-47.

Vuosina 1962 ja 1963 saapuneet venäläiset Mikojan MiG-15UTI harjoituskoneet ja MiG-21F-13 hävittäjät oli maalattu alkuperä maassa, missä ei välitetty liikaa Suomen pysyväismääräyksistä, vaan kansallisuusmerkit maalattiin kuten ne parhaiten sopivat.

29. marraskuuta 1968 uudistettiin kansallisuustunnukset. Ne jaettiin seitsemään kokoluokkaan, joista kullekin konetyypille määritettiin siipi- ja runkotunnukset. Merkki oli joko maalattu tai tarrana.

Itse merkin mittasuhteet ja väri säilyivät, vakiohalkaisijat olivat: A = 48 cm, B = 60 cm, C = 72 cm, D = 84 cm, E = 96 cm, F = 108 cm ja G = 120 cm. Myöhemmin otettiin vielä käyttöön Aa = 54 cm.

Konetyypeittäin tunnusten koot olivat:

Konetyyppi		Siipi	Runko
BV	DHC-2 Beaver	D	B
DK	Saab Draken	C	E
DO	Douglas C-47	G	E
FM	Fouga Magister	B	A
HA	Alouette II		A
HB	Jet Ranger		A
HR	Mil Mi-4		B
MG	MiG-21F-13	C	B
MK	MiG-21U	C	B
MU	MiG-15UTI	D	B
NH	Il-28	G	F
SF	Saab Safir	B	B

Myöhemmät tyypit hankintajärjestyksessä saivat seuraavan kokoiset kokardit:

HS	Mil Mi-8		D
BN	Islander	E	Aa
PA	Piper Arrow	C	A
HH	Hughes 500		A
MG	MiG-21BIS	B	B
FF	Friendship	E	E
VN	Valmet Vinka	A	B
HW	BAe Hawk	B	A
LJ	Learjet	C	B
PC	Chieftain	C	A
RG	Redigo	A	A

22. lokakuuta 1988 käskettiin siirtyä, muiden maiden esimerkkiä noudattaen, koneiden tehokkaampaan häivyttämiseen pienentämällä taktisten konetyyppien kansallisuusmerkit halkaisijaltaan 20 cm:n kokoisiksi. Tästä poikkesivat marraskuussa 1995 tulleet Hornet (HN) koneet, joissa tunnus oli suuruudeltaan 24 cm.

(Ylhäällä) LeSK:n Stigu SZ-22 Kauhavalla kesällä 1946. Kokardi sekä rungossa että peräsimessä oli harvinainen yhdistelmä (I. Koskinen). (Keskellä) KuljLLv:n Iljushin Il-28R maalinhinauskone NH-2 keväällä 1962. Runkotunnuksen mittasuhteet ovat neuvostomalliset (Tekijän kokoelmat). (Alla) Ensimmäisen Suomessa kootun Hawkin HW-301:n kokardi on tarrana, kuvattuna 20.6.81 (K. Niska).

(Top) Stigu SZ-22 of LeSK at Kauhava in summer 1946. The roundel on both the fuselage and rudder was a rare combination. (Centre) Ilyushin Il-28R target-tow NH-2 of KuljLLv in spring 1962. The proportions of the roundel are Soviet style. (Bottom) The cocarde of the first Hawk HW-301 assembled in Finland was applied as a sticker, portrayed on 20 June 1981.

(Ylhäällä) Viipurin 1. Erillisen Merilentolaivueen tunnus oli sininen "salama" vuosina 1927 - 33. Hansa IL-107 on kuvattu kesällä 1931 Vuoksen rannassa. Peräsimessä on lisäksi "ruutuässä" (Sotamuseo). (Keskellä) Sortavalan 2. Erillisen Merilentolaivueen tunnus oli "kalasääksi" vuosina 1927 - 29. Kuvassa on IL-59 syksyllä 1928 (Tekijän kokoelmat). (Alhaalla) Turkinsaaren Merilentoeskaaderin tunnus oli "aalto" vuosina 1928 - 33. Kuvassa on laivueen lentäjät IL-88:n edessä kesällä 1928 (H. Malmberg).

(Top) The emblem of 1. Er.Me.L.L. (1st Detached Maritime Flying Squadron based at Viipuri) was a blue 35053 lightning in 1927 - 33. Hansa IL-107 is photographed in summer 1931 at Vuoksi. The rudder carries also the ace of clubs. (Centre) 2. Er.Me.L.L. based at Sortavala had an osprey as a unit sign in 1927 - 29, shown here by IL-59 in autumn 1928. (Bottom) Me.L.E. of Turkinsaari had a winged wave as the squadron badge in 1928 - 33. The flying personnel of the unit is portrayed in front of IL-88 in summer 1928.

(Ylhäällä) Vuonna 1929 2. Er.Me.L.L.:n tunnukseksi tuli "Karjalan miekka" vuoteen 1934. Laivueen IL-97 on lennolla 31.3.33 (Ilmavoimat). (Keskellä) Santahaminaan tukeutuneen Ilmailukoulun Hansa 4.F.66 lennolla 17.5.27. Sininen vinkkeli oli tähystäjälaivueen tunnus 1925 - 29. Monissa yksikön koneissa oli konekohtainen kuvio takarungossa (Ilmavoimat). (Alhaalla) Ilmailukoulun kone IL-45 ilmassa 20.9.27. Musta vinkkeli oli ohjaajalaivueen tunnus 1925 - 29 (Ilmavoimat).

(Top) In 1929 the sword of Karelia became the emblem of 2. Er.Me.L.L. until 1934. Hansa IL-97 is seen in flight on 31 March 1933. (Centre) Hansa 4.F.66 of Aviation School based at Santahamina in air on 17 May 1927. The blue 35053 chevron signified the observer sguadron in 1925 - 29. Many aircraft of the school had an individual badge on the rear fuselage. (Bottom) Hansa IL-45 of Ilm.K. in flight on 20 September 1927. The black chevron belonged to the pilot squadron in 1925 - 29.

YKSIKKÖTUNNUKSET

(Ylhäällä vasemmalla) 2/LeLv 6:n tunnus oli "ankka" vuosina 1942 - 44. Kuvassa Tupolev kone SB-1 Nummelassa 7.6.44. Peräsimessä on neljä sukellusveneen upotusta. (Ylhäällä oikealla) "Stalinin pää" oli 1/LeLv 12:n tunnuksena vuonna 1941. Kuvassa CUc-502 Rantasalmella heinäkuussa 1941. (Keskellä) 1/LeLv 12 maalasi vuonna 1942 Fokkereihinsa "puskevan pässin". FR-98 on kuvassa Nurmoilassa toukokuussa 1942. (Alhaalla) 2/LeLv 12:n tunnus samaan aikaan oli "iloinen aasi". FR-83:een on viritetty viistokuvauskamera, Nurmoila 30.10.42 (SA-kuva, tekijän kokoelmat ja Ilmavoimat).

(Top left) The emblem of 2/LeLv 6 was a duck in 1942 - 44. Tupolev coded SB-1 is seen at Nummela on 7 June 1944. The rudder has four submarine sinking markings. (Top right) Stalin's head was the 1/LeLv 12 emblem in 1941, here on Curtiss CUc-502 at Rantasalmi in July 1941. (Centre) 1/LeLv 12 painted in 1942 a ram on their Fokkers. FR-98 is seen at Nurmoila in May 1942. (Bottom) 2/LeLv 12 used a donkey emblem at the same time. FR-83 is fitted with an oblique camera at Nurmoila on 30 October 1942.

(Ylhäällä) 2/TLeLv 12:n tunnus vuonna 1944 oli valkoinen "salama". Kuvassa Myrsky rivistö Vesivehmaalla syyskuussa 1944, edessä MY-16. (Keskellä vasemmalla) 2/LeLv 16:n tunnusta "lentävää neitoa" maalataan alumiinipronssilla LY-119:ään Viiksjärvellä 17.2.42. (Keskellä oikealla) Työ on saatu valmiiksi, LY-119 on korjattavana tehtaalla Tampereella kesäkuussa 1942. (Alhaalla) 2/LeLv 16:n kone LY-118 käymässä Tiiksjärvellä 5.8.42. Tunnuksesta puuttuvat pilvet (M. Terävä, SA-kuva ja P. Ervi).

(Top) 2/TLeLv 12 had in 1944 a white lightning bolt as the unit sign. Myrsky line-up is pictured at Vesivehmaa in September 1944, in front is MY-16. (Centre left) The flying maid emblem of 2/LeLv 16 is being applied by aluminium dope to Lysander LY-119 at Viiksjärvi on 17 February 1942. (Centre right) The job is accomplished, LY-119 in repair at the factory in June 1942. (Bottom) LY-118 of 2/LeLv 16 visiting Tiiksjärvi on 5 August 1942. The emblem is lacking the clouds.

(Ylhäällä) Lentolaivue 24:n tunnus oli "iskevä ilves" vuosina 1941 - 44. Laivueen Brewster BW-380 on Römpötissä lokakuussa 1942. (Keskellä vasemmalla) 2/LeLv 24:n tunnus vuonna 1942 oli "pierevä hirvi". BW-352 on Tiiksjärvellä elokuussa 1942. (Keskellä oikealla) 4/LeLv 24:n tunnus vuonna 1942 oli "kalasääksi", tässä BW-370:n pyrstössä lokakuussa 1942. (Alhaalla vasemmalla) HLeLv 24:n tunnukseksi hyväksyttiin 7.6.44 "ilveksen pää", joka on Nuijamaalle 28.6.44 pakkolaskun tehneen MT-437:n pyrstössä. (Alhaalla oikealla) HLeLv 34 sai samalla tunnukseksi "kotkanpojan", MT-423 on kuvattu Taipalsaaressa kesäkuussa 1944 (SA-kuva, Bundesarchiv ja E. Lyly).

(Top) LeLv 24 had a striking lynx as their insignia in 1941 - 44. Brewster BW-380 is seen at Römpötti in October 1942. (Centre left) 2/LeLv 24 used a farting elk in 1942, here on BW-352 at Tiiksjärvi in August 1942. (Centre right) 4/LeLv 24 painted an osprey on the fins of their Brewsters in 1942, as seen on BW-370 in October 1942. (Bottom left) On 7 June 1944 the lynx's head was approved as the emblem of HLeLv 24, seen here on the tail of Messerschmitt MT-437 after a forced landing at Nuijamaa on 28 June 1944. (Bottom right) HLeLv 34 got simultaneously the eagle fledgling badge, MT-423 is portrayed at Taipalsaari in June 1944.

(Ylhäällä vasemmalla) 3/LeLv 44:n tunnus kesällä 1942 BL-156:ssa, johon on lisäksi merkitty 40 sotalentoa. (Ylhäällä oikealla) 1/PLeLv 44:llä oli "naama" tunnus vuonna 1944 lentueen JK-koneiden nokassa. (Keskellä vasemmalla) LeLv 46:n tunnuksena oli "mylvivä härkä" DN-koneissa vuosina 1942 - 44. (Keskellä oikealla) 2/LeLv 48:n "karhu " tunnus DB-17:n nokassa kesällä 1942. (Alhaalla) PLeLv 48:n tunnus vuonna 1944 oli "Onttolan punaiset pirut", kuvissa sekä lyhyt- että pitkänokkaisessa BL-koneessa (Tekijän kokoelmat ja K. Juurikas).

(Top left) 3/LeLv 44 emblem is seen in summer 1942 on Blenheim BL-156 carrying also 40 mission markers. (Top right) 1/PLeLv 44 used a face badge in 1944 on the nose of their Ju 88 bombers. (Centre left) LeLv 46 had a roaring buffalo badge on nose of their Do 17 bombers in 1942 - 44. (Centre right) Ilyushin DB-3M's of 2/LeLv 48 wore a bear emblem on the nose, here on DB-17 in summer 1942. (Bottom) PLeLv 48 devil badge is seen on both short and long-nose Blenheims in 1944.

(Ylhäällä vasemmalla) HLeLv 31:n yöhävittäjälentueen tunnus oli "lepakko vuosina 1948 - 52, kuvassa MT-452. (Ylhäällä oikealla) HLeLv 33:n tunnuksena jatkoi "kotkanpoika" Mersuissa vuosina 1945 - 52. (Keskellä vasemmalla) 1. Lsto:n hävittäjälentueen tunnus vuosina 1954 - 59, tässä VH-30:n rungossa. (Keskellä oikealla) 1. Lsto:n tiedustelulentueella oli BL-koneissa "visentti " tunnus vuosina 1952 - 58 . (Alhaalla) 1. Lsto:n Vihuri VH-30 Luonetjärvellä kesällä 1956. Lennoston tunnus oli sininen "salama" vuosina 1952 - 59 (Tekijän kokoelmat).

(Top left) The nightfighter flight of HLeLv 31 used a bat sign in 1948 - 52, as seen on MT-452. (Top right) HLeLv 33 continued the use of the eagle fledgling on their Messerschmitts in 1945 - 52. (Centre left) The devil emblem of the fighter flight of 1. Lsto (1st Wing) in 1954 - 59, here on Vihuri VH-30. (Centre right) The reconnaissance flight of 1. Lsto was wearing the buffalo emblem on their Blenheims in 1952 - 58. (Bottom) VH-30 of 1. Lsto at Luonetjärvi in summer 1956. The wing identification was a blue 25123 lightning bolt in 1952 - 59.

(Ylhäällä vasemmalla) HävLv 31 otti Vihureihin uudelleen "ilves" tunnuksen vuosiksi 1954 - 59. (Ylhäällä oikealla) HävLv 33:n tunnuksena pysyi "kotkanpoika" Vihureissa vuosina 1954 - 58. (Keskellä vasemmalla) HävLv 11:n tunnus Vihurikaudella oli "ankka", jonka pyrstösulat muodostivat laivueen numeron. (Keskellä oikealla) HLeLv 13:n tunnuksessa päästä muodostui yksikön numero. (Alhaalla) Vuonna 1957 myös HävLv 13:n Vampire VH-6:een maalattiin laivuetunnus (Tekijän kokoelmat).

(Top left) HävLv 31 re-introduced the lynx emblem on their Vihuris in 1954 until 1959. (Top right) The eagle fledgling stayed on Vihuris of HävLv 33 from 1954 to 1958. (Centre left) HävLLv 11 used a duck with tail feathers forming the unit number during the Vihuri season. (Centre right) HävLv 13 too had a duck, now the head acting as the unit number. (Bottom) In 1957 also Vampire VH-6 was decorated with the HävLv 13 emblem.

(Ylhäällä) Hävittäjälentolaivue 11:n tunnus vuodesta 1967 oli "visentti", tässä Chieftainissa PC-5 Helsinki-Vantaalla 1.11.95. (Keskellä vasemmalla) Hävittäjälentolaivue 21 otti tunnukseksi vuonna 1974 "kalasääksen", joka on kuvassa Fougan FM-16 nokassa Helsinki-Vantaalla 26.8.77. (Keskellä oikealla) Hävittäjälentolaivue 31:n tunnukseksi vakiintui vuonna 1964 "ilves", esimerkkinä MU-4. (Alhaalla) Vuonna 1981 otti Tiedustelulentolaivue käyttöön uuden tunnuksensa, tässä Fougan FM-21 nokalla toukukuussa 1982 (K. Niska).

me back to Hävittäjälentolaivue 11 (Fighter Squadron 11) in 1967 as seen on Chieftain PC-5 at Helsinki-Vantaa on 1 November 1995. (Centre left) HävLLv 21 re-introduced the osprey in 1974, seen on Fouga Magister FM-16 at Helsinki-Vantaa on 26 August 1977. (Centre right) The lynx emblem was stabilized to HävLLv 31 in 1964, here on MiG-15UTI coded MU-4. (Bottom) In 1981 TiedLLv (Reconnaissance Squadron) launched it's emblem, seen on Fouga FM-21 in May 1982.

(Ylhäällä) Ilmasotakoulun ensimmäinen tunnus "ankkalampi" oli vuodelta 1968, mallina Safirissa SF-6. (Keskellä vasemmalla) Vuonna 1981 IlmaSK:n Koulutuslentolaivue uusi tunnuksensa, pienikokoinen esimerkki on Vinkassa VN-8. (Keskellä oikealla) Koelentueen vuonna 1989 käyttöönottama tunnus Piperissa PA-2. (Alhaalla) Kuljetuslentolaivueen tunnus mallia 1990 Learjetissä LJ-3 (K. Niska, K. Partonen ja E. Muikku).

(Top) The first emblem of the Air Fighting School was the stylized birds from 1968, shown on Saab Safir SF-6. (Centre left) In 1981 KoulLLv (Training Squadron) of IlmaSK renewed it's badge, the small sized example is on Vinka VN-8. (Centre right) The Test Flight introduced it's badge in 1989, shown on Piper Arrow PA-2. (Bottom) KuljLLv (Transport Squadron) emblem of 1990 on Gates Learjet LJ-3.

YKSILÖTUNNUKSET

(Ylhäällä vasemmalla) Ilmailuosasto 1:n Breguet 2 470 "Kerberos" Utissa talvella 1921/22. Koneen tehtäväkirjain oli C. Kuvio oli vain tällä puolella. (Ylhäällä oikealla) Ilm.Os. 1:n Breguet 2C.467 "Anssin Jukka" Utissa kesällä 1921. (Keskellä vasemmalla) Ilm.Os. 1:n Breguet 2B.477 "Pohjan akka" Utissa kesällä 1922. Kuvio oli vain vasemmalla puolella ja myös 3C30:ssä myöhemmin. (Keskellä oikealla) 2C.467:n runko toiselta puolelta. Pirun hännässä on kiinni palkkapussi. (Alhaalla vasemmalla) Maatiedustelulaivueen Breguet 3A1 Utissa kesällä 1925. Kone oli entinen 2C.467. (Alhaalla oikealla) Ilm.Os. 1:n Georges Levy 3B 400 lentomatkalla Muurmannille lokakuussa 1919 (Ilmavoimat, E. Juurikas ja H. Valtonen).

(Top left) Breguet 2 470 Kerberos of Ilm.Os. 1 at Utti in winter 1921/22. The missionletter was C. The emblem was only on port side. (Top right) Breguet 2C.467 Anssin Jukka of Ilm.Os. 1 at Utti in summer 1921. (Centre left) Breguet 2B.477 of Ilm.Os 1 wearing a Finnish mythology creature at Utti in summer 1922. The figure was just on the port side, also later on 3C30. (Centre right) The fuselage of 2C.467 from the other side. A pay bag is attached to the devil's tail. (Bottom left) Breguet 3A1 of M.T.L. (Land Reconnaissance Squadron) at Utti in summer 1925. The aircraft was ex- 2C.467. (Bottom right) Georges Levy flying boat 3B 400 of Ilm.Os 1 en route to Murmansk in October 1919.

(Ylhäällä) Ilmailukoulun Hansoissa oli vuosina 1927 - 29 erilaisia konekohtaisia tunnuksia. 9.3.28 ohjaajalaivueen IL-109:n takarungossa oli lentävä "hai". (Keskellä vasemmalla) Ohjaajalaivueen 4.E.25:ssä oli "ruikkaava lintu" keväällä 1927. (Keskellä oikealla) Keväällä 1928 tähystäjälaivueen IL-113:ssa oli "majakka". (Alhaalla vasemmalla) Tähystäjälaivueen IL-71:ssä oli "perhonen" talvella 1927/28. (Alhaalla oikealla) Keväällä 1928 tähystäjälaivueen IL-115:ssä oli "mehiläinen" (Ilmavoimat, IMY ja E. Ritaranta).

(Top) Hansa floatplanes of Aviation School had in 1927 - 29 various individual emblems. On 9 March 1928 IL-109 of the pilot squadron had a flying shark. (Centre left) 4.E.25 of the pilot squadron wore a shitting bird in spring 1927. (Centre right) In spring 1928 IL-113 of the observer squadron lad a light house. (Bottom left) IL-71 of the observer squadron carried a butterfly in early 1928. (Bottom right) A bee decorated IL-115 of the observer squadron in spring 1928.

(Ylhäällä vasemmalla) 1/LLv 44:n Blenheim BL-117 helmikuussa 1940 ohjaajana ltm. V. Salminen. (Ylhäällä oikealla) 3/LeLv 42:n Blenheim BL-143 syyskuussa 1941. Tunnus on entinen RAF:n 108. laivueen. (Keskellä vasemmalla) 2/LeLv 44:n Blenheim BL-147:n pyrstö 20.10.41 ohjaajan ltn. A. Nousiaisen 50 sotalennon jälkeen. (Keskellä oikealla) 2/LeLv 42:n Blenheim BL-160:n tunnus. (Alhaalla) 1/LeLv 44:n kone BL-149 Onttolassa lokakuussa 1941. Nokkapanelissa on "ruutuässä" ja kyljessä "ahma" lentueen päällikön kapt. E. Ahmon mukaan (IMY, H. Valtonen ja LeR 4:n kilta).

(Top left) Blenheim BL-117 of 1/LLv 44 was flown by W.O. V. Salminen in February 1940. (Top right) Blenheim BL-143 of 3/LeLv 42 in September 1941 wearing an ex-RAF 108 Sqn badge. (Centre left) The tail of BL-147 of 2/LeLv 44 piloted by Lt. A. Nousiainen after his 50th mission on 20 October 1941. (Centre right) The emblem of BL-160 of 2/LeLv 42. (Bottom) BL-149 of 1/LeLv 44 at Onttola in October 1941. The front panel has an ace of clubs and below cockpit is a glutton, derived from the fight leader Capt. E. Ahmo's name.

(Ylhäällä ja keskellä) LeLv 48:n valokuvauslentueen päällikön kapt. E. Ahtiaisen kone BL-129 syksyllä 1942. Nokassa on "herttaässä", sivuvakaajassa "pierevä hirvi" ja peräsimessä 95 kuvauslennon viirut. (Alhaalla vasemmalla) ValokLtue/LeR 4:n Blenheim BL-204 syksyllä 1948. Koneella suoritettiin kartoitusvalokuvausta. (Alhaalla oikealla) LeLv 48:n valokuvauskone BL-129 mahallaan Onttolassa 10.10.43. Suurempi "herttaässä" on nyt ohjaamon alla (M. Poutvaara ja tekijän kokoelmat).

(Top and centre) Blenheim BL-129 flown by Capt. E. Ahtiainen heading the mapping flight of LeLv 48 in autumn 1942. Nose carries the ace of hearts, fin the farting elk and rudder 95 mission markers. (Bottom left) Blenheim BL-204 of ValokLtue/LeR 4 in autumn 1948. The plane was in mapping duties. (Bottom right) BL-129 photo plane of LeLv 48 on belly at Onttola on 10 October 1943. The ace of hearts was now bigger under the cockpit.

(Ylhäällä ja keskellä) 3/LeLv 30:n Fokkerin FR-154 laskutelineen tossut koristeltiin Turussa kesäkuussa 1941. Kuviot olivat Chaplin, Kippari Kalle, Eetu, Mikki-Hiiri ja Vihtori. (Alhaalla vasemmalla) 2/LeLv 30:n Fokkerissa FR-142 "kuolema ohjasti Rataa" vuonna 1941. (Alhaalla oikealla) 2/LeLv 30:n päällikön kapt. V. Karun koneessa FR-129 "paholainen ajaa takaa Fokkeria" vuonna 1941. (Turun Sanomat ja tekijän kokoelmat)

(Top and centre) The wheel spats of Fokker FR-154 of 3/LeLv 30 were decorated at Turku in June 1941. The figures were Chaplin, Pop-Eye, Fred, Micky Mouse and Victor. (Bottom left) On Fokker FR-142 of 2/LeLv 30 death was driving a Rata in 1941. (Bottom right) Capt. V. Karu leading 2/LeLv 30 had devil chasing a Fokker on the fin of his FR-129 in 1941.

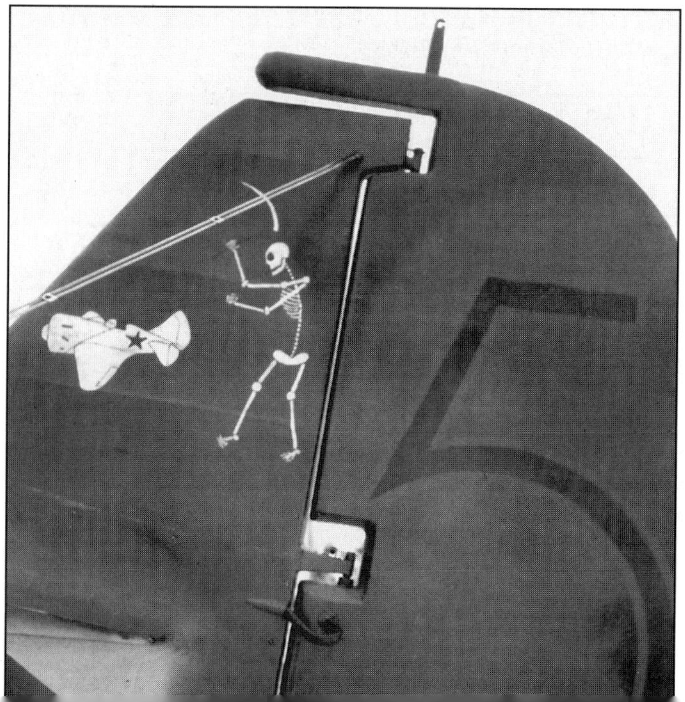

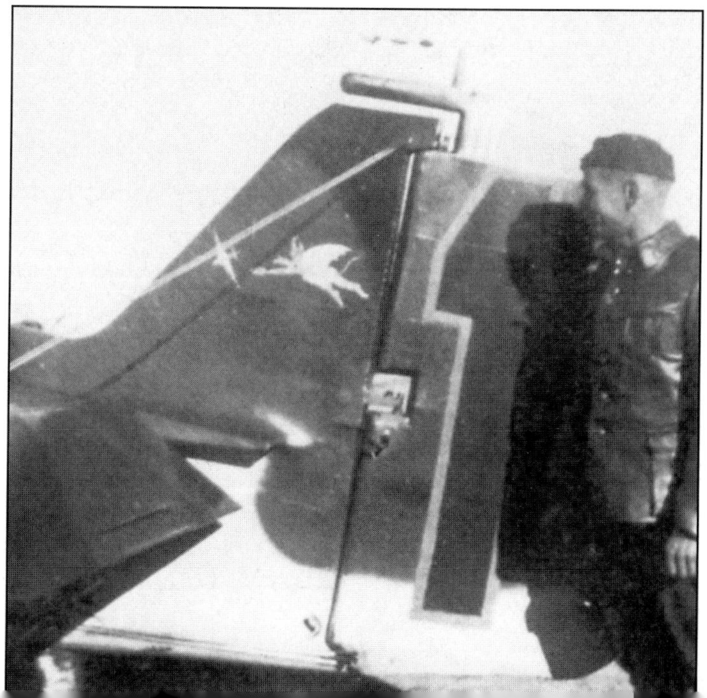

(Ylhäällä) Lentolaivue 30:n komentajan maj. L. Bremerin Fokkerissa FR-157 oli vaimon mukaan "herttaässä". Kone on Utissa syyskuussa 1941. (Keskellä vasemmalla) 3/LeLv 30:n konessa FR-148 oli "Pinocchio" ltn. M. Kaliman tunnuksena Tiiksjärvellä vuonna 1942. (Keskellä oikealla) 6.5.42 LeLv 12 suoritti 1500. sotalentonsa. Se merkittiin Nurmoilassa 1. lentueen FR-103:n peräsimeen. (Alhaalla) 1/LeLv 30:n kone FR-157 Römpötissä vuoden 1943 alussa. Talvimaalauksessa syntyi oheinen kuvio (Tekijän kokoelmat ja H. Valtonen).

(Top) The commander of LeLv 30 Maj. L. Bremer had ace of hearts on the rudder of his Fokker FR-157, seen here at Utti in September 1941. (Centre left) FR-148 flown by Lt. M. Kalima of 3/LeLv 30 carried Pinocchio on the fin at Tiiksjärvi in 1942. (Centre right) On 6 May 1942 LeLv 12 performed the 1500th sortie. It was marked on the rudder of FR-103 of the 1st Flight at Nurmoila. (Bottom) FR-157 of 1/LeLv 30 at Römpötti in early 1943. The winter camouflage turned out into an artwork.

(Ylhäällä) LeLv 48:n valokuvauslentueen Dornier DN-64 oli ltm. V. Salmisen nimikko. Koneen nokassa on "pataässä" (tammikuussa 1943), sivuvakaajassa "pierevä hirvi" ja peräsimessä 30 kuvauslennon merkkiä kesällä 1943. (Keskellä vasemmalla) 1/LeLv 46:n kone DN-63 sissien huoltolennolla Tiiksjärvellä lokakuussa 1942. Nokassa on laivueen tunnus ja "pierevä hirvi". (Keskellä oikealla) LeR 4:n valokuvauslentueen kone DN-58 Malmilla 30.7.48. Tunnuksena on kameraa kuljettava "lentävä lyijykynä". (Alhaalla) PLeLv 48:n valokuvauskone DN-64 Vaasassa kesällä 1944 (SA-kuva, tekijän kokoelmat ja K-SIM).

(Top) Dornier DN-64 of the mapping flight of LeLv 48 was flown by W.O. V. Salminen. The nose wears the ace of spades (January 1943), fin the farting elk and rudder 30 mission makers in summer 1943. (Centre left) DN-63 of 1/LeLv 46 on guerilla supply mission at Tiiksjärvi in October 1942. The unit badge and farting elk is below the cockpit. (Centre right) DN-58 of the photographic flight of LeR 4 at Malmi on 30 July 1948. The flying pencil is carrying a camera. (Bottom) Mapping Dornier DN-64 of PLeLv 48 at Vaasa in summer 1944.

(Ylhäällä vasemmalla) 2/LeLv 6:n SB-koneeseen VP-3 merkittiin lentueen sotalennot ja saavutukset Nummelassa 1.8.1941 näin. (Ylhäällä oikealla) 2/LeLv 6:n koneen VP-8:n upotukset 10.7., 25.7 ja 24.8.1941. (Keskellä vasemmalla) LeLv 48:n valokuvauskoneen DB-16 nokassa oli "ruutuässä vuonna 1942. (Keskellä oikealla) LeLv 48:n valokuvauslentueen DB-13 koneeseen maalataan "pierevä hirvi" vuonna 1942. (Alhaalla) Sittemmin PLeLv 46:n kone DB-13 Kemissä lokakuussa 1944. Nokassa on vielä "ristiässä" ja sivuvakaajassa "pierevä hirvi" (Tekijän kokoelmat ja M. Poutvaara).

(Top left) Tupolev SB coded VP-3 of 2/LeLv 6 carries sorties and achievements of the flight, seen at Nummela on 1 August 1941. (Top right) VP-8 of 2/LeLv 6 showed vessel sinking markings on 10 and 25 July and 24 August 1941. (Centre left) Ilyushin DB-16 of the photo flight of LeLv 48 had the ace of diamonds in 1942. (Centre right) The farting elk is painted on the fin of DB-13 belonging to ValokLtue/LeLv 48 in 1942. (Bottom) DB-13 now member of PLeLv 46 at Kemi in October 1944 still wearing the ace of clubs and farting elk.

(Ylhäällä vasemmalla) T-LeLv 35:n Pyry PY-4 Vesivehmaalla vuoden 1944 alussa. (Ylhäällä oikealla) LeSK:n kone PY-5 Kauhavalla kesällä 1944. (Keskellä vasemmalla) LeLv 32:n HC-lentueen päällikön kapt. H. Kalajan Hurricane HC456 Lappeenrannassa elokuussa 1941. (Keskellä oikealla) LeSK:n Gauntlet kesällä 1944. (Alhaalla) 3/LeLv 6:n I-153 kone VH-17 Kotkan edustalla huhtikuussa 1942. Peräsimessä on kapt. L. Karjalaisen tunnus "Olka-neiti" (K-SIM, SA-kuva ja tekijän kokoelmat).

(Top left) Pyry PY-4 of T-LeLv 35 at Vesivehmaa in early 1944. (Top right) PY-5 of LeSK at Kauhava in summer 1944. (Centre left) Capt. H. Kalaja heading the HC flight of LeLv 32 marked his Hurricane HC456 with his initials, seen at Lappeenranta in August 1941. (Centre right) Gauntlet trainer of LeSK in summer 1944. (Bottom) Polikarpov VH-17 of 3/LeLv 6 at Kotka in April 1942. Rudder of the flight leader Capt. L. Karjalainen's machine has a character from Pop-Eye.

(Ylhäällä vasemmalla) 1/LeLv 16:n Gladiator GL-265 murskautuneena Vitskassa 21.6.43. (Ylhäällä oikealla) 2/LeLv 16:n kone GL-264 Hirvaksessa 28.6.42. Kuvio on alumiinipronssia. (Keskellä vasemmalla) 3/LeLv 26:n koneessa FA-2 oli "Karjalan miekka" Immolassa talvella 1943/44. (Keskellä oikealla) 3/LeLv 26:n kone FA-1 Immolassa vuoden 1943 alussa. Spinnerissä on "pääkallo ja sääriluut". (Alhaalla) 2/LeLv 26:n FIAT FA-19 Kilpasillassa kesällä 1943 (IMY, SA-kuva, K-SIM ja Sotamuseo).

(Top left) Gladiator GL-265 of 1/LeLv 16 crashed at Vitska on 21 June 1943. (Top right) GL-264 of 2/LeLv 16 at Hirvas on 28 June 1942. The figure is in silver colour. (Centre left) FIAT FA-2 of 3/LeLv 26 wearing the Karelian sword at Immola in winter 1943/44. (Centre right) FA-1 of 3/LeLv 26 at Immola in early 1943. Spinner has a yellow skull and cross bones. (Bottom) FA-19 of 2/LeLv 26 at Kilpasilta in summer 1943.

(Ylhäällä) 3/LeLv 24:n talvimaalattu Brewster BW-364 Kontupohjassa maaliskuussa 1942. (Keskellä) BW-364 Suulajärvellä vuotta myöhemmin. Kone oli ltm. I. Juutilaisen nimikko ja hänen tunnuksena oli "pääkallo ja sääriluut". Ilmavoittoviiruja on 36. (Alhaalla vasemmalla) LeLv 32:n komentaja maj. O. Ehrnrooth maalautti koneensa CUw-557 punaiseen spinneriin hain hampaat kesällä 1941. (Alhaalla oikealla) HLeLv 31:n Mersu MT-422 Utissa maaliskuussa 1948. Hain hampaat maalaasi kers. B. Hielm (E. Lyly, SA-kuva ja K. Tuomikoski).

(Top) Winter camouflaged Brewster BW-364 of 3/LeLv 24 at Kontupohja in March 1942. (Centre) BW-364 at Suulajarvi a year later. It was flown by W.O. I. Juutilainen and wore a skull and cross bones emblem. The are 36 victory markings. (Bottom left) The commander of LeLv 32 Maj. O. Ehrnrooth had a small shark mouth painted on the red spinner of his Curtiss CUw-557 in summer 1941. (Bottom right) Mersu MT-422 of HLeLv 31 at Utti in March 1948. The shark mouth was painted by Sgt. B. Hielm.

(Ylhäällä) 1/LeLv 14:n Moraneen MS-311 maalasi vänr. L. Kurten Tiiksjärvellä kesällä 1943 hain hampaat silmineen mustalla, punaisella ja valkoisella sekä pääkallon punaiseen spinneriin. (Keskellä) 1/LeLv 14:n kone MS-319 laskuvaurion jäljiltä Tiiksjärvellä 29.7.43. Ohjaamon takana on jokin tunnistamaton otus. (Alhaalla vasemmalla) 1/LeLv 14:n Moranessa MS-602 oli spinnerissä "tähti" Tiiksjärvellä vuonna 1943. (Alhaalla oikealla) Ltn. M. Kalima maalautti 1/LeLv 14:n koneeseen MS-326 pienen "lohikäärmeen" kesällä 1943 Tiiksjärvellä. (Tekijän kokoelmat ja H. Valtonen).

(Top) Ens. L. Kurten painted in black, red and white a shark mouth and an eye on the nose and a skull on the red spinner of Morane MS-311 of 1/LeLv 14 at Tiiksjärvi in summer 1943. (Centre) MS-319 of 1/LeLv 14 after a landing damage at Tiiksjärvi on 29 July 1943. An unidentified creature is painted behind the cockpit. (Bottom left) Morane MS-602 of 1/LeLv 14 wore a star at the spinner tip in 1943. (Bottom right) Lt. M. kalima of 1/LeLv 14 had a small dragon behind the cockpit of his plane MS-326 in summer 1943.

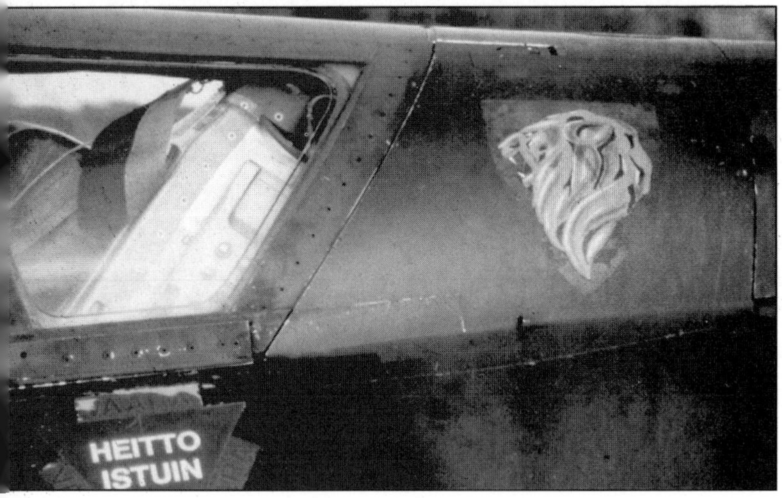

(Ylhäällä vasemmalla) YhtLtue:en Fougaan FM-28 maalattiin vuoden 1962 alussa "pöllö". (Ylhäällä oikealla) HävLLv 21:n ensimmäiseen Hawkiin HW-302 maalattiin joulukuussa 1980 Satakunnan "karhu". (Keskellä vasemmalla) HävLLv 11:n Drakeneissa DK-208 ja 210 oli "leijonan pää" vuonna 1990. (Keskellä oikealla) TiedLLv:n Migiin MG-92 teipattiin "keltainen vaara" elokuussa 1985. Myös MG-35:ssä oli sama tunnus. (Alhaalla vasemmalla) TiedLLv:n Fouga FM-39 maalattiin ilmavoimien komentajan nimikoksi, nokkaan leijonat ja nimi. Kuva on Hallissa toukokuussa 1986. (Alhaalla oikealla) Viimeiseen Suomessa koottuun Hawkiin HW-350 maalattiin "Jumbo" pyrstöön, Halli syyskuussa 1985 (Sotamuseo, K. Niska, J. Laukkanen ja E. Muikku).

(Top left) Fouga FM-28 of YhtLtue wore an owl on the nose in early 1962. (Top right) The first Hawk HW-302 of HävLLv 21 had the bear of the unit's county coat of arms painted on the tail in December 1980. (Centre left) Drakens DK-208 and 210 of HävLLv 11 had a lion's head in 1990. (Centre right) MiG MG-92 of TiedLLv had a yellow danger emblem taped on in August 1985. MG-35 wore a similar marking. (Bottom left) Fouga FM-39 of TiedLLv was decorated as the C-in-C mount, the general's lions and name on the nose. The picture was taken at Halli in May 1986. (Bottom right) The last Hawk HW-350 assembled in Finland had a jumbo painted on the fin, as seen at Halli in September 1985.

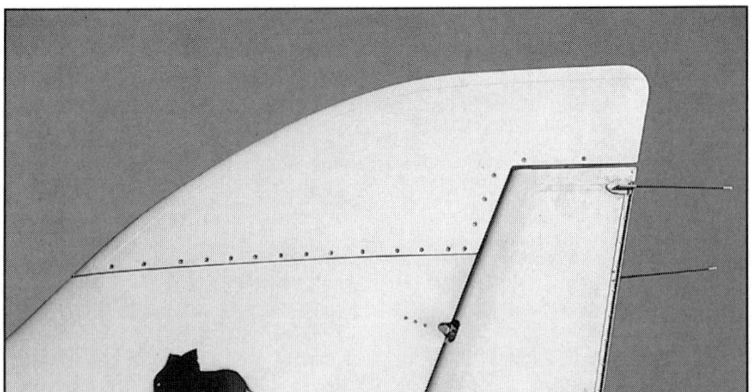

Ilmasotakoulun Pyry PY-35 koristeltiin viimeisen tyypillä tehdyn koululennon kunniaksi Kauhavalla 28.9.61. Vihreä runko ja oranssiset lentopinnat saivat päälleen punaista, valkoista ja hopeaa (K-SIM).

Pyry PY-35 of the Air Fighting School was decorated at Kauhava to celebrate the last training flight of the type on 28 September 1961. The olive green 24096 fuselage and orange 22215 flying surfaces got red 21302, white 27778 and silver 17178 paint on.

(Ylhäällä vasemmalla) Ltm. O. Tuomisen ilmavoitot 1/LeLv 26:n FIAT:issa FA-26 elokuussa 1941. (Ylhäällä oikealla) Ltn. M. Kaliman ilmavoitot 3/LeLv 30:n Fokkerissa FR-148 marraskuussa 1941. (Keskellä vasemmalla) Vääp. U. lehtovaaran ilmavoitot 2/LeLv 28:n Moranessa MS327 marraskuussa 1941. (Keskellä oikealla) Maj. E. Luukkasen ilmavoitot 1/LeLv 24:n Brewsterissä BW-393 lokakuussa 1942. (Alhaalla vasemmalla) Vääp. L. Nissisen ilmavoitot 3/LeLv 24:n Brewsterissä BW-384 lokakuussa 1941. (Alhaalla oikealla) Ltn. O. Puhakan ilmavoitot 3/LeLv 26:n FIAT:issa FA-1 marraskuussa 1941 (IMY, SA-kuva ja H. Valtonen).

(Top left) The aerial victories of W.O. O. Tuominen of 1/LeLv 26 on his FIAT FA-26 in August 1941. (Top right) The aerial victories of Lt. M. Kalima of 3/LeLv 30 on his Fokker FR-148 in November 1941. (Centre left) The aerial victories of S.Sgt. U. Lehtovaara of 2/LeLv 28 on his Morane MS327 in November 1941. (Centre right) The aerial victories of Maj. E. Luukkanen heading 1/LeLv 24 on his Brewster BW-393 in October 1942. (Bottom left) The aerial victories of S.Sgt. L. Nissinen of 3/LeLv 24 on his Brewster BW-384 in October 1941. (Bottom right) The aerial victories of Lt. O. Puhakka of 3/LeLv 26 on his FIAT FA-1 in November 1941.

(Ylhäällä vasemmalla) Kapt. B. Ekin sukellusveneupotukset 2/LeLv 6:n Tupolevissa SB-9 syyskuussa 1942 Malmilla. (Ylhäällä oikealla) Ltn. T. Ruoholan saavutukset 2/LeLv 30:n Fokkerissa FR-119 marraskuussa 1941Suulajärvellä. (Keskellä) Kapt. P-E. Ahoniuksen saavutukset 3/LeLv 6:n Tsaikassa IT-16 heinäkuussa 1942 Römpötissä. (Alhaalla) Ltm. S. Laattalan sukelluveneupotus 1/LeLv 6:n Dornierissa DR-196 marraskuussa 1942 Malmilla (SA-kuva ja tekijän kokoelmat).

(Top left) The submarine sinkings of Capt. B. Ek leading 2/LeLv 6 on his Tupolev SB-9 at Malmi in September 1942. (Top right) The achievements of Lt. T. Ruohola of 2/LeLv 30 on his Fokker FR-119 at Suulajärvi in November 1941. (Centre) The achievements of Capt. P-E. Ahonius heading 3/LeLv 6 on his Chaika IT-16 at Römpötti in July 1942. (Bottom) A submarine sinking of W.O. S. Laattala of 1/LeLv 6 on his Dornier DR-196 at Malmi in November 1942.

NIMIKOINNIT

(Ylhäällä vasemmalla) Ilm. Os. 1:n Georges Levy GL 40 vene "Lisa", 3B 403, vuonna 1920. (Ylhäällä oikealla) Suomen Ylioppilaskuntien Liitto lahjoitti 19.4.36 varat Tuiskun TU-163 hankintaan. Kone nimikoitiin "Pilven Veikko". (Keskellä vasemmalla) Suomen Aliupseerien Liitto lahjoitti varat Viiman VI-3 hankintaan, nimeksi tuli "Haijala" maamme ensimmäisen lentomestarin Hannes Haijalan mukaan. (Keskellä oikealla) Suomen Sokeri Oy rahoitti 30.5.37 Tuisku TU-165:n nimellä "Sokeri-Sirkku". (Alhaalla vasemmalla) Suomen Kansakouluopettajain Liiton keräysvaroin saatiin Viima VI-4 "Kokko" koulu-, lehtimies ja kansanedustaja Väinö Kokon mukaan. (Alhaalla oikealla) TU-165:n tuhouduttua 10.6.40 "Sokeri-Sirkku" tittelin peri TU-178 (IMY, tekijän kokoelmat ja Sotamuseo).

(Top left) Georger Levy GL 40 flying boat 3B 403 of Ilm.Os. 1 was inscribed Lisa in 1920. (Top right) The Finnish student's association donated funds on 19 April 1936 for Tuisku TU-163, which was named Pilven Veikko. (Centre left) The association of Finnish NCO's raised funds for Viima VI-3, which was named Haijala after the first flying warrant officer Hannes Haijala. (Centre right) The Finnish Sugar Co financed on 30 May 1937 Tuisku TU-165 with the inscription Sokeri-Sirkku. (Bottom left) The Finnish elementary school teacher's association raised funds for Viima VI-4 named Kokko after teacher, journalist and MP Väinö Kokko. (Bottom right) TU-165 crashed on 10 June 1940 and the title Sokeri-Sirkku was inherited by TU-178.

(Ylhäällä vasemmalla) Suomen Gummitehdas Oy luovutti varat Brewsterin BW-355 hankintaan. Koneen nimeksi tuli "Noka", joka tässä on kesällä 1941. (Ylhäällä oikealla) Ruotsalaiset Klingsporin veljekset, Vilhelm, Gustaf Adolf ja Bogislaw, lahjoittivat varat toiseen Brewsteriin. Vuonna 1940 BW-367 sai nimekseen "Tre Bröder". (Keskellä vasemmalla) Ruotsalaiset vapaaherra ja rouva Hamilton luovuttivat varat kolmanteen Brewsteriin, kuvassa 4/LeLv 24:n BW-378 "Otto Wrede" on syksyllä 1941. (Keskellä oikealla) BW-355 tuhoutui 24.10.45 ja "Noka" nimen peri BW-384. (Alhaalla vasemmalla) Kreivi Carl Gustaf von Rosen lahjoitti vuonna 1940 ilmavoimille yhden Douglasin tunnuksella DC-1, jonka nimeksi tuli "Hanssin-Jukka". (Alhaalla oikealla) BW-379, jonka nokassa on "Pekka", ei ollut lahjakone, vaan 3/LeLv 24:n ohjaaja ltn. Kokko maalasi siihen etunimensä vuonna 1941 (Ilmavoimat ja tekijän kokoelmat).

(Top left) The Finnish Rubber Co donation was Brewster BW-355. It was named Noka and seen in summer 1941. (Top right) The Swedish Klingspor brothers Vilhelm, Gustaf Adolf and Bogislaw financed another Brewster. In 1940 BW-367 was baptized as Tre Bröder. (Centre left) The Swedish baron and mrs. Hamilton raised funds for Brewster BW-378, serving here in 4/LeLv 24 as Otto Wrede in autumn 1941. (Centre right) BW-355 crashed on 24 October 1944 and the name Noka was inherited by BW-384. (Bottom left) Count Carl Gustaf von Rosen donated in 1940 to the air force one Douglas coded DC-1 Hanssin-Jukka. (Bottom right) BW-379 inscribed Pekka on the nose was not a gift, but the pilot Lt. Kokko of 3/LeLv 24 painted his first name on it in 1941.

Loka-marraskuussa 1953 valmistuneeseen yhdeksään ensimmäiseen Vihuriin tehdas maalasi 1930-luvun lopun nimikoinnit sinisellä. (Ylhäällä) VH-2 "Pilven Veikko" tehtaalla Tampereella syksyllä 1953. (Keskellä) VH-3 "Sokeri Sirkku" HävLv 33:ssa Utissa kesällä 1958. (Alhaalla vasemmalla) VH-4 "Kokko" HävLv 13:ssa Porissa kesällä 1955. (Alhaalla oikealla) VH-5 "Pirkka" HävLv 31:ssä Utissa kesällä 1954 (Valmet, K-SIM ja tekijän kokoelmat).

During October and November 1953 the first nine Vihuris were completed at the factory, which painted below the cockpits blue 25123 incriptions used in the late 1930s. (Top) VH-2 Pilven Veikko at the factory at Tampere in autumn 1953. (Centre) VH-3 Sokeri-Sirkku of HävLLv 33 at Utti in summer 1958. (Bottom left) VH-4 Kokko of HävLv 13 at Pori in summer 1955. (Bottom right) VH-5 Pirkka of HävLv 31 at Utti in summer 1954.

(Ylhäällä vasemmalla) VH-6 "Haijala" HävLv 31:ssä Utissa kesällä 1957. (Ylhäällä oikealla) VH-7 "Heiskala" HävLv 33:ssa Utissa rikkoutuneena 25.8.55. (Keskellä vasemmalla) VH-8 "Noka" HävLv 31:ssä Utissa kesällä 1955. (Keskellä oikealla) VH-9 "Tre Bröder" tehtaalla Tampereella talvella 1953/54. (Alhaalla) VH-10 "Silver Star" HävLv 11:ssä kesällä 1957 (Valmet ja tekijän kokoelmat).

(Top left) VH-6 Haijala of HävLv 31 at Utti in summer 1957. (Top right) VH-7 Heiskala of HävLv 33 broken at Utti on 25 August 1955. (Centre left) VH-8 Noka of HävLv 31 at Utti in summer 1955. (Centre right) VH-9 Tre Bröder at the factory at Tampere in winter 1953/54. (Bottom) VH-10 Silver Star of HävLv 11 seen in flight in summer 1957.

(Ylhäällä) LeR 4:n Douglas DC-2 kuljetuskoneita vuonna 1951. Vasemmalla DO-1 "Hanssin-Jukka" ja oikealla DO-2 "Isoo-Antti", DO-3 oli "Pikku-Lassi". Merkinnät olivat vihreitä. (Keskellä vasemmalla) HävLv 21:n Gnat GN-101 nimikoitiin hopeamaalilla "Kreivi von Rosen" 6.3.59 Luonetjärvellä. (Keskellä oikealla) HävLLv 31:n MG-76 Hallissa toukokuussa 1974. Koelentäjä merkitsi koneensa etunimellään punaisella ja mustalla värillä. (Alhaalla vasemmalla) HävLLv 31:n MiG-21UM kone MK-106 nimikoitiin venäjäksi "Sepe" vuonna 1974. MK-106 oli "kessu". (Alhaalla oikealla) Viimeinen Hawk HW-350 sai koelennolla menehtyneen lentäjän mukaan nimen "Paavo Janhunen" syksyllä 1985 (Tekijän kokoelmat, Ilmavoimat, J. Laukkanen ja E. Muikku).

(Top) Douglas DC-2 transports of LeR 4 in 1951. Left is DO-1 Hanssin-Jukka, right DO-2 Isoo-Antti, DO-3 was Pikku-Lassi. The markings were green. (Centre left) Gnat GN-101 of HävLv 21 was baptized Kreivi von Rosen in silver paint at Luonetjärvi on 6 March 1959. (Centre right) Mikoyan MG-76 of HävLLv 31 at Halli in May 1974. The test pilot signed his first name in red and black on the fin. (Bottom left) MiG-21UM serialled MK-106 was inscribed in russian Sepe in 1974. MK-105 was sergeant. (Bottom right) The last Hawk HW-350 in September 1985 with the name Paavo Janhunen after a test pilot who got killed on duty.

EARLY COLOURS

In the First World War the imperial Germany and czarist Russia were enemies from the beginning. In October 1917 the bolchevic revolution in Russia led to a cease fire between these countries by the end of the year and on 3 March 1918 to the peace treaty of Brest-Litovsk. Before this the Germans had advanced to Estonia in the Baltic.

Finland claimed independence on 6 December 1917 and faced a short civil war, where the Finnish air force was born. Officially the first military aircraft of the white army arrived on 6 March 1918 to Finland, when the swedes Nils Kindberg and Count Eric von Rosen as passanger flew a Thulin typ D (Morane-Saulnier type L Parasol) donated by the latter from Umeå to Vaasa. It entered the books as F1. Timewise an SW 20 (Albatros B.II) arrived to Kokkola 10 days earlier with later designation F2.

The Great War ended on 11 November 1918 in truce and to the loss of Germany and her allies. Up to this point about 40 aircraft were acquired by Finland with different methods (donated, captured and bought) from Sweden, Germany and Russia.

Very little information and historical material has been preserved from this period concerning the colours of the aircraft. Colour definitions of single planes are impossible to conduct, even if many photos do exist. The aim is to concentrate to aircraft types that were serving in numbers.

Luckily remnants of both Thulin typ D monoplanes are available and good colour matching of this historically important type can be made. The linen clad aircraft was clear doped and according to an international American colour chart, the Federal Standards 595a, the colour code is (17855). The metal plates on the nose were dark green (24098).

The first digit of the numbers inform the sheen of the surface, 1 being gloss, 2 semi-gloss and 3 matt. The second digit tells which is the predominant colour, 0 is brown, 1 is red, 2 is orange, 3 is yellow, 4 is green, 5 is blue, 6 is grey, 7 is others and 8 is day-glo. The last three digits denote the actual colour, in priciple the higher figure the lighter colour.

In this connection it would be useful to remember two important matters about colours. Firstly the human colour memory is rather modist, only the main hues can be picked up but on the other hand the colour definition and comparison capability of the human eye is brilliant and the slightest differences can be seen. Secondly the colour definitions of a nominally same colour usually differ. This is caused by several factors, e.g. different production batches of paints, where the pigments play an important role, and the preservation circumstances of a colour, when light and time have quite an influence.

The colour definitions appearing in this book are in no way absolute, they simply inform an average, which well covers the colour memory and serves the human eye by giving the closest FS 595a colour reference.

War booty Russian Stetinin M-9 flying boats are known to be grey on upper surfaces and white, light grey or light blue on lower ones. Beside written comments no better facts even internationally are available.

German Friedrichshafen maritime aircraft had the top of the flying surfaces covered with printed fabric, which had 15 cms large hexagons, down from the darkest colour: blue (35164) - light blue (35240) - light grey (36375), the fuselage and floats were light grey (36375) and lower fuselage light grey (36493) while wing under surfaces were clear doped linen (37855).

TOWARDS STANDARD SCHEMES

In 1919 large quantities of aircraft were bought mainly from the surplus stocks of France and the first of thirty Breguet 14.A2 reconnaissance bombers arrived from July. The first batch of planes had the standard French Air Force camouflage pattern, top and sides had five colours: black (27038) - dark brown (20140) - dark green (24088) - light green (24159) - beige (23448) and the lower surfaces were clear doped linen (17855). In major overhaul or repair the aircraft were at the beginning painted beige (23448) overall and later dark green (34092) on top and light grey (36492) mixed with aluminium dope (17178) on bottom.

From France were bought in 1920 as trainers Caudron G.3s and three years later Caudron C.60s and C.59s, which were in beige (23448) overall scheme. In the repair the latter types were painted in dark green (34159) all around or just the upper parts with this colour and the lower ones in light grey (36628) while the engine plates remained in natural metal.

In summer 1922 the Aviation Dock and Depot at Santahamina started experiments of different camouflages, of which exact documentation has recently surfaced. At least two Breguet 14.A2s (3 C.30), one Fokker D.VII (1.D.357.) and five Hansas (6, 4.E.9, 11, 14 and 4.E.17) were given a 4-colour splinter pattern. Top was black brown (10032) - dark blue (35045) - dark green (24098) - light blue (35526) while the bottom was in the last colour.

Early training need was fulfilled by the first aircraft constructed, or actually repaired in Finland by the dock, which had standard colours. The first out of six Caudron G.3s was completed in September 1922 with the top side in dark green (34092) and the bottom one in light blue (35526).

For the expanding domestic aircraft production a licence was obtained from Germany for Hansa Brandenburg W.33 floatplanes in May 1921. The first of 120 I.V.L. A.22 Hansas came off the production line of the Aviation Force Aircraft Factory at Suomenlinna on 15 October 1922. The first planes were throughout light grey with darker grey wing upper surfaces, but next year the colour sheme became dark grey (36173) for upper parts and nose, light grey (25630) to fuselage sides and natural linen (23697) to lower parts. The engine cover was left in natural metal finish.

In 1923 twenty Gourdou-Leseurre GL-22 fighters were obtained from French surplus stocks. They had the upper side painted in green (14257) while the lower parts were finished either with clear dope (17855) or light grey (16492) leaving the nose plating in metal colour.

SILVER SEASON

With the British influence the silver looking surface on the aircraft arrived, the finish being aluminium dope (17178), which was easy to handle, durable and beautiful. The first specimen was an Avro 504K (AV) trainer arriving in May 1926. AV stands for the abbreviation of this particular aircraft type as introduced one year later.

Still as late as in 1927 fourteen Great War vintage Martinsyde F.4 Buzzard (MA) fighters were acquired from the English surplus stocks, all wearing the original aluminium dope finish. In major overhauls practically all earlier aircraft had this type of surface applied, the only exception being the Hansa (IL) maritime aircraft.

Most new aircraft, both imported and domestic, were delivered in the aluminium colour scheme. In 1927 one Gloster Gamecock II (GA) fighter was bought from England for tersting purposes and it was followed two years later by another pattern aircraft and a series of twelve built under licence. They were all in silver dope finish except the nose and anti-glare panels on the fuselage, which were painted in dark green (34096). This english NIVO = Night Invisible Varnish, Orfordness later specified the main camouflage colour of the Finnish Air Force.

The trainers were usually wearing a different colouring. The practise was continued by nine Chech Letov S218 A Smolik (SM) aircraft that began arriving in May 1931. The overall finish was in orange (12215), which was painted on the licence produced batch.

INTO CAMOUFLAGE

In 1933 the State Aircraft Factory was requested to develop Tuisku trainer and it was to be camouflaged in olive green (34096) upper sides and aluminium dope (17178) lower sides. The first prototype was completed in November that year and from now on all manufactured or repaired aircraft were painted in this manner, except the seaplanes and primary trainers. This was the first domestic camouflage for conceiving aircraft on or against the ground.

The precise directive has not been found in the archives, but later amendments and additions together with the photos support this conclusion.

Imported aircraft were painted using the nearest local colour. Dutch Fokker C.V (FO), C.X (FK) and D.XXI (FR) aircraft had dark brown (20097) upper surfaces and aluminium dope under sides. Planes from Britain were wearing Dark Green (34079) tops and Sky Grey (36463) bottoms. This concerned Bristol Blemheim Is (BL), Avro Anson Is (AN) and Bristol Bulldog IVAs (BU), the latter having aluminium dope under sides.

The factory constructed under licence in 1938 - 39 Fokkers, FK army co-op and FR fighter aircraft painting the olive green (34096), also called field and standard green, on top and light grey (36440) on bottom. The latter is in practise the same as the British Sky Grey. The paint manufacturer Winter had named this colour silver grey, which caused confusion sometimes with the aluminium dope.

The first accurate instruction concerning the painting of aircraft was given on 12 October 1939. There all new and repaired ones were ordered to be camouflaged the way Tuisku was, meaning olive green upper sides and aluminium dope under sides. The beginning of the Second World War made every air force in Europe to conceal the aircraft.

NEW AIRCRAFT AND PAINTS

The new war and especially the Soviet attack on 30 November 1939 opening the Winter War accelerated all military material acquisitions. Many different types of aircraft in equally different colours arrived to Finland during the next four months, briefly described in order of appearance as follows.

Italian FIAT G.50 fighters were painted on top side in brown/Nocchiola Chiaro (30219) with dark green/Verde Oliva Scuro (34086) small spots while the bottom was light grey/Grigio Azzurro (36280).

The Swedish voluntary unit F 19 Hawker Harts and Gloster Gladiator Is were dark green/Olivgrön 325 (34079) on top and light blue grey/Blågrå 058 (36250) on bottom. Upper side was spayed with irregular aluminium dope stripes to obtain a winter camouflage.

Gloster Gladiator IIs from England were in the 4-colour pattern: tops of upper wings and fuselage in Dark Green (34079) - Dark Earth (30118), tops of lower wings and lower fuselage Light Green (34127) - Light Earth (30257) for shadow shading. The bottoms of port wings were Night (37038) and the starboad ones White (37778), the rest being aluminium dope (17178).

As a gift from France came Morane-Saulnier M.S. 406 fighters in 3-colour scheme on upper side: dark blue grey/Gris Bleu Fonce (36122) - dark green/Kaki (34096) - earth/Sienne Naturelle (30117), the bottom was light blue grey/Gris Blue Clair (36231).

Two batches of Blenheims were flown from England. The longnoses were camouflaged the Finnish way, top Dark Green (34079) and bottom Sky Grey (36463). The shortnoses had the standard British bomber colours: top Dark Green (34079) and Dark Earth (30118) with Night (37038) lower surfaces.

The American Brerwster Model 239s were in overall aluminium (17178) paint finish.

Also the Hawker Hurricane I and Gloster Gauntler II fighters from England arrived in the standard colours of the origin. Upper sides were Dark Green (34079) - Dark Earth (30118) and lower sides Night (37038) port wing(s) and White (37778) straboard wing(s) and the rest aluminium doped. Westland Lysander I army co-op planes had similar top sides and aluminium doped undersides of the flying surfaces.

WAR PAINT

After the Winter War the first bigger lot arriving was German Focke Wulf Fw 44 J trainers in May 1940. These were painted in the Swedish style: the fuselage, fin and rudder were dark grey/Pansargrå (26044) and the flying surfaces orange/Orans (22473).

The various colours on the trainers were put to an end on the 6 June 1940 directive stating:

TU-aircraft: top stardard green and bottom aluminium dope
SM-aircraft: overall orange
VI- ans SZ-aircraft: flying surfaces orange and fuselage standard green
Spares can be used in their present colour

Also the diffrent camouflageproblems on frontline aircraft were partly solved on 26 August 1940, when instructions were given to paint in a repair every aircraft according to the earlier instructions, devoid of the present colours of a particular aircraft. In other words olive green on top and light grey or sometimes aluminium dope on bottom.

By far the most important directive during the war was issued on 30 September 1940 amending a recent order as follows:

"Referring to 26.8.40, the following is ordered concerning the painting of frontline aircraft taking into account the tactical and homogenizing aspects:

1) All warplanes are to be painted in a repair devoid of their present colours by the following instructions:

a) Top and sides: Field green general colour (e.g. Winter 509), which is covered partly by dark grey pattern (darkness and shade as the lower colour of British Blenheims) to break the overall effect.

b) Bottom: Silver grey general colour (as on Tuisku). Also fixed landing gear with this colour.

c) In winter conditions the tactical painting in point a) can be improved by an easily washable gluecolour. Referring to last winter's experiences.

d) Matt colours are to be used.

2) If there are larger amounts of aircraft paints in the stocks, they can be finished to replace colours in point 1) providing that they as such or by mixing are close in darkness and hue and tactically painted, particularly Blenheim bombers are to be painted matching the original colours.

3) All earlier directives concerning the painting of warplanes are cancelled, except the 23.7.40 order for the national insignia and earlier for the serial numbers."

On 1 November 1940 the previous directive received an addition:

"Concerning the previous one Brewster (BW-379) was experimantally painted at the factory with given instructions. The Air Force Headquarters points out the following:

1. The black (black is used instead of dark grey) areas of the camouflage are to be enlarged so that the proportion of the black and green pattern is about 2:3.

2. The colour demarcation line between the top and bottom surfaces is to made be wavy instead of a straight line, according to the attached scetch.

Taking this into account all warplanes are to be camouflaged thus, in the order told in the attachment sheet."

On 9 November 1940 the factory was reminded that FR-, PY- and BL-aircraft ordered earlier are to be painted according to the instructions given above.

In practise this meant that the frontline aircraft were painted in black (37038) and olive green (34096) on top and light grey (36440) or in some cases aluminium dope (17178) on bottom. The latter genevally applied to twin-engined aircraft. The name war paint became soon an everyday practise. It was painted on advanced trainers and courier planes at front squadrons, too.

On 25 June 1941 the Continuation War started and Germany had got a comrade in arms from Finland, who had stayed 15 months neutral. When the side was chosen, in obtaining war material, in addition to local production, there was only one source, Germany.

One week before the action a full mobilization was carried out in Finland. In this connection the commander of the Finnish Air Force Maj. Gen. Jarl Fritjof Lundquist informed all flying and anti-aircraft units of new friendly markings of Finnish aircraft. They were a yellow 50 cms wide band around the rear fuselage and wing tip underside of 1/6 of the span, later known as the eastern front markings used by axis forces. The markings were to be painted without delay and the yellow colour used was Shildt & Hallberg Dicco No. 6, which on the Federal Standard 595a scale is gloss (13538).

The loosely formulated instructions caused the yellow fuselage band to be positioned between the rear of the cockpit and the fin or stabilizers, being generally on the serial number. On the bottom of the wings the colour demarcation went halfway the national insignia and on biplanes also to lower tips of upper wings could have yellow paint.

Foreign aircraft, being usually German war booty, were normally overhauled and given a war paint by the factory before handing over to operational units, the exception was Curtiss Hawk 75A (CU) fighters arriving in summer 1941, which were rushed to the front in German colours of dark green/Dunkelgrün 71 (34079) tops and light blue/Hellblau 65 (35414) bottoms. These planes were overhauled in Germany and fitted with local instrumentations and camouflage colours.

By August 1941 the CU-planes had the lower part of the starboard wing painted black between the insignia and wheel well, as a recognition mark of the Finnish offensive on Karelian Isthmus.

On 1 September 1941 the Finns made an addition to friendly yellow markings by directing the noses of single engined warplanes to be painted yellow 50 cms wide. The radial engined aircraft conformed to this but inline engined had the band usually 75 cms wide.

In January 1942 arrived the first Dornier Do 17 Z (DN) bombers, which generelly wore the German camouflage of black green/Schwartzgrün 70 (34050) - dark green/Dunkelgrün 71 (34079) on top and light blue/Hellblau 65 (35414) on bottom. Usually the darker green was covered with white distemper for better winter camouflage.

At the removal of the winter paint next spring a normal war paint was applied to DN-aircraft leaving the lower surfaces light blue. This colour was directed on 7 May 1942 to all frontline planes as DN-colour being (35414) on FS 595a chart. The colour was applied at a major overhaul or repair, also to new war booty aircraft bought from Germany.

Issued simultaneously was the splinter pattern for the upper surfaces of captured Soviet aircraft. The war paint colours were to be used.

New colour schemes came on Messerschmitt Bf 109 G (MT) fighters from Germany March 1943 onwards. The planes wore the standard three grey pattern: on upper surfaces dark grey/Graugrün 74 (34086) - grey/Mittelgrau 75 (36122) and lower surfaces light grey/Weissblau 76 (36473). The fuselage sides had irregular splotches in the darker greys.

This camuflage had been used by the Germans over two years on the fighters. It worked well in the air at medium and high altitudes, where the air war was fonght. Also the British and Russians had shifted to greyer colours.

Junkers Ju 88 A-4 (JK) bombers appeared in April 1943 to the Finnish Air Force having the standard splinter camouflage of black green/Schwartzgrün 70 (34050) - dark green/Dunkelgrün 70 (34079) tops and light blue/Hellblau 65 (35414) bottoms.

In August 1943 two Heinkel He 59 B-2 floatplanes were leased from Germany to air-sea-rescue. The aircraft had the maritime colours of two greens: Grün 72 (36081) - Grün 73 (34092) top and light blue/Hellblau 65 (35414) bottom.

When the Soviet main offensive was on and the air war very hectic, the Finns ordered on 13 June 1944 the instant removal of the yellow paint on the upper part of the nose to make the aircraft less conspicuous.

The Continuation War ended in a truce on 4 September 1944 and the remaining yellow eastern front markings were deleted within ten days. The war against the Germans in Lapland lasted until 27 April 1945 in the departure of the last foreign troops.

The war paint existed until 29 September 1947, when the black paint was dropped off during the next repair. At the same time PY-trainers were given istructions for similar colouring as other trainers, meaning olive green (24096) fuselage and orange (12215) flying surfaces.

The Paris peace teaty of February 1947 allowed Finland to keep 60 fighters on duty after 15 September 1948. Then all bombers and many other types of aircraft were permanently stored and later scrapped, with the exception Messerschmitt Bf 109 G fighters and a few communications, transport and target towing planes.

The camouflage now looked like the one in the late 1930s. The colour demarcation line was straight low on the fuselage between olive green (34096) and light blue (35414). Pyörremyrsky (PM) showed this in advance to the allied supervision commission already in September 1945, but actually MT-, BL-, JU- and FK planes were painted in this manner. By 1953 almost all of them had flown their sorties.

NATURAL METAL

Vihuri (VH) prototype showed the first natural metal surfaces in January 1951. This worldwide practise continue in Finland three years later when production of the first batch of VH-planes started. In 1956 the second batch was finished in aluminium silver (27178) paint. Likewise a handful of Blenheims also wore this colour.

In January 1953 the first De Havilland Vampire Mk:52 (VA) fighters were flown to Finland and in the contemporary style the aircraft were in overall aluminium (27178) painted finish. Also the double seat Vampire Trainer Mk.55s (VT) had a similar surface.

New fighters were obtained from Britain in the form of Folland Gnat Mk.1 (GN) aircraft, which appeared from August 1958. They wore the standard fighter camouflage of Dark Green BS 381C:641 (24079) - Dark Sea Grey BS 381C:638 (26173) on top and High Speed Aluminium (17178) on bottom.

Same year the French Fouga CM 170 Magister (FM) advanced trainers were taken on charge in overall natural metal finish, which also was on the licence built batch.

Saab 91D Safir (SF) primary trainers appeared then, too in aluminium silver all around finish with single colour decoration stripes. On aircraft SF-1 - 5 it was black, SF-6 - 10 violet, SF-11 - 15 green and SF-16 - 20 yellow.

In September 1959 the Air Fighting School painted the registration number in large characters on the tails of Safirs and added day-glo orange (28913) on the nose, wing tips and moving tail surfaces. Next year the orange was transferred to metal areas since the fabfic covering turned soft, meaning on the nose, wing tips and leading edge, rear fuselage, fin and stabilizers. Also Magisters were eventually similarly marked.

The bright and shiny surface was on all other types, too. But not on the helicopters.

CAMOUFLAGE AGAIN

The first type of helicopters serving in the Finnish Air Force was SM-1 (HK), built in Poland under Soviet Mil Mi-1 licence, entering units in March 1961. The top side was dark green (24095) and bottom light blue green (24233). Similar paint was on Mil Mi-4 (HR) choppers arriving six months later.

The natural metal finished Mikoyan MiG-21F-13 (MG) fighters got accompanion from the west in May 1972, when Saab 35 Drakens (DK) started to enter service. They wore standard Swedish camouflage of dark blue grey/Mörkblå 438 (26076) - dark green/Mörkt Olivgrön 328 (24086) on upper surfaces and lower rear fuselage in aluminium silver and the rest light blue grey/Blågrå 058 (36250). Two seaters kept their natural metal surfaces.

In the United States all tactical aircraft were camouflaged in 1964, partly due to the Vietnam war. In Europe Britain followed the suit in 1969 and the Soviet Union a few years later.

In May 1973 arrived the first heavy Mil Mi-8 (HS) helicopters from Russia in overall dark green (34098) paint. Later the choppers wore several different greens on them.

Following an international practise the word Ilmavoimat (Air Force) was applied in 53 cms high blue (15090) letters above the fuselage windows in autumn 1973. Later both helicopters and other communication planes had this wording, in different size and colour.

The advanced training need grew up and in June 1974 two Mikoyan MiG-21UM (MK) aircraft were obtained. The camouflage pattern was designed in Finland having dark brown (20059) - olive green (24064) top and light blue grey (24233) bottom.

The first two Mikoyan MiG-21BIS (MB) fighters were flown to Finland in September 1978 indicating coming general camouflage, which was issued on the MiGs on 14 March 1978. Upper surfaces were almost black (20108) - dark green (24127) and lower ones light blue grey (26373). Later aircraft got the MG serial prefix and both the camouflage pattern and colours on them varied quite a lot.

THE FINNISH WAY

At the end of 1976 the acquisition decision of British Aerospace Hawk Mk 51 (HW) advanced trainers was followed by a design of a domestic camouflage, which was issued on 31 December 1977 when finalising the Hawk deal. The pattern was drawn locally and the colours were taken from British Standard 381C colour chart. Upper hues vere Very Dark Drab 437 (24064) and Light Bronze Green 222 (24151) and lower one Light Aircraft Grey 627 (26440). This camouflage reminded a lot of the war paint used 40 years ago.

The first to appear in this scheme were the Dutch Fokker F.27 Friendship (FF) transporters in August 1980. Later that year the first Hawks came and with the exception of some liaison planes all aircraft were eventually painted in this style or matching it closely.

Day-glo orange (28913) tapes had replaced the paint on FM-planes already in 1973 and Vinka (VN) primary trainers later got the tapes, too. From 1982 onwards the serial number was applied in large characters on the tails of VN-aircraft and the tapes were removed in 1990 in favour of extensive day-glo orange (28913) paint at the wing tips and tail.

In September 1988 domestic Teknos & Winter IV-colours were taken in use, the hues being dark brown (30040), green (34102) and light grey (36440). On 5 February 1990 the wavy colour division on Hawks was directed lower and straight on the fuselage making the aircraft less conspicuous against the terrain.

The Test Flying Centre designed a standard and symmetrical camouflage pattern to the colourful MiG-21s starting with MG-114 in spring 1991 by using domestic IV-colours. MG-128 and MK-126 followed, but no further conversions took place because of the short service time left on the Migs.

TACTICAL GREYS

In 1981 the United States introduced the tactical grey schemes on their fighters and attack aircraft making visual and radar observations more difficult in the air at different altitudes. Within a few years this practise was in widespread use in several air forces.

In Finland one aircraft (HW-344) was painted in August 1990 experimentally with Dark Sea Grey BS 381C:638 (37173) upper side and Medium Sea Grey BS 381C:637 (36270) lower side. The paints used were though somewhat lighter than specified, i.e. (36176) and (36373), but serving the same purpose. On 12 September 1990 the rest of the Hawk fleet was given orders to be painted this way at major overhauls.

Next April another plane (MK-105) got lighter shades of grey: Medium Sea Grey BS 381C:637 (36270) on top and Light Aircraft Grey BS 381C:627 (36440) on bottom.

The L-90 TP Redigo (RG) communication aircraft batch under construction at Valmet were painted from May 1992 in the darker greys as displayed by the Hawks. Likewise the new Hawk Mk 51As. The tactical camouflage worn by other types was to remain until the end at the service.

As a replacement fighter came McDonnell Douglas F-18 Hornet (HN), 57 single seater C models and seven two seater D models being ordered in May 1992. The first two seaters were flown from the United States on 7 November 1995.

They wore the US Navy standard tactical colours, Compass Gray (36320) on top and Light Ghost Gray (36375) on bottom. The same colours will be used in the Finnish assembled single seaters, the maiden flight was performed by HN-401 on 14 May 1996.

SWASTIKA 1918 - 45

The Finnish national insignia was born on 2nd March 1918, when the swedish Count Eric von Rosen had painted his good luck emblem, a blue swastika on a white background, on the wings of his Thulin typ D (Morane-Saulnier type L) monoplane. Four days later this plane arrived to the army of the white Finland as a donation.

The contemporary commander of the air corps Captain Allan Hygerth proposed on 13th March 1918 to the commander in chief of the army of the republic of Finland, that the aircraft should be marked with the von Rosen swastika sign added with the early state flag. As an appendix was a swastika having the arms 3/16 of its width and red flag in 1:2 proportions with a yellow horizontal bar being 1/4 of the height of the flag and a yellow vertical bar being 1/8 of the lenght of the flag positioned at 2-3/8 of the length.

The commander of the above mentioned army, General Carl Gustaf Emil Mannerheim accepted the proposal and informed the troops in his order of the day No. 26 dated 18th March 1918:

"All troops are now informed that our aircraft will use from now on as a recognition mark the following sign (swastika) in blue colour on the wings and fuselage, in addition a red flag with a yellow cross will be attached to the tail."

From preserved aircraft or their parts the colour definition of the blue was darkish in tone and on the US Federal Standard FS 595a scale (35053) represents a good average. The flag is known to have been applied on only two planes (F2 and F3).

For the next sixteen years no exact instructions of the location of the swastika have been found in the archives, or anywhere else. From abundant photographic material the following conclusion have been made.

During the civil war the swastika was often painted on a white square and as large as could fit and there could be up to ten insignia. The arms of the swastika were often narrower than specified and the sign could appear also as a mirror image.

In 1919 the white circle as a bottom became standard and the proportions of the swastika became so that the arms were 1/5 of the heigth. The insignia were painted normally in eight locations: below both lower wings, on both upper wings and on both sides of the fuselage and rudder. The size was measured by eye.

At the beginning of the 1920s the fuselage insignia was left off on most aircraft types, except for locally licence-built Hansa floatplanes, where the insignia was on the fuselage only. Some of the insignia could appear as a mirror image, especially in Gourdou-Leseurre fighters.

In 1927 the insignia was generally shifted back to the fuselage. Some aircraft imported from Great Britain could have mirror image national markings.

On 20th March 1934 this mixture of national markings was put to an end by a permanent order of the Finnish military aviation number IV BA2, see page 151 for the drawing.

The size of the wing and fuselage insignia was 4/5 of the wing chord or fuselage heigth at the marked place. The heigth of the serial number was half of the fuselage swastika heigth, both the fuselage swastika and serial was placed in the middle of the rear end of the cockpit and the fin or stabilizers. The letters and numbers of the serial were taken from Finnish standard SFS Z.I.1.

The blue of the swastika was according to the Federal Standard 595a (25123), which was clearly lighter than samples taken from older existing aircraft.

The order was clear and simple and it was obeyed with later additions for eleven years.

At the Air Fighting School rose a need to recognize an aircraft in flight and on 26th November 1937 one Smolik (SM-138) had the serial painted as high as could fit on the fuselage, which led to the transfer of the swastika to the rudder.

This served the purpose and on 13th January 1939 all Smolik primary trainers were to be marked thus. Four months later the order was extended to cover all trainers. The amendment was to be carried out at a major overhaul.

After the outbreak of the Second World War general rehearsals were started in Finland in October 1939. Then several fighter aircaft had the white disc of the national insignia overpainted by olive green for lesser visibility. The Air Force Headquarters did not approve this and by Winter War the markings were "clean".

Aircraft flown from abroad to Finland during the Winter War used different methods of covering the swastika, since the neutral Sweden did not allow transit flights of military aircraft. After arrival to Finland the swastikas appeared in no time. The circle could be also aluminium dope or light grey in colour.

On 23rd July 1940 the permanent order SIP IV BA2 was amended slightly stating that the white circle of the national insignia should not exceed 1 metre. In practise this meant that the wing insignia were eaxctly 1 metre in size.

The white disc of the national marking was quite visible against the ground and during the Continuation War especially the reconnaissance squadrons darkened the insignia above the wings already during the first summer (1941). Sometimes the fuselage insignia was also subdued and the practise continued until the end of the hostilities.

During the war both Britain and United States made their national markings less conspicuous by mid-1942. The Finns had considered this for long, but due to stationary war there was no particular hurry for any major changes.

On 13th October 1943 the war supply division of the Air Force Headquarters was tasked to investigate how the markings of aircraft (national insignia and yellow eastern front markings) could be subdued so that the markings would be clearly visible within the range of fighter fire but would not reveal the aircraft too far.

The Air Depot was given an order to carry out the experiments with the following instructions:

- the firing range of a fighter was 600 metres
- the markings should be reasonably visible on a cloudy weather, but should not expose the aircraft in bright sunshine more than the size, shape and movement of the aircraft
- the amendment of the markings must be executable at the units with few equipments and in a short time. The aim is to make the change very simple

The Air Depot Test Squadron tried eight different national markings:

1. As before, but small dots in the white disc
2. Green disc
3. Only white swastika
4. White swastika on green disc
5. Plain white outline swastika
6. As before, but grey disc
7. Blue swastika, grey between the arms
8. White disc with camouflage colour swastika

The Test Squadron recommended alternative No. 5 as the best stating additionally that the yellow markings needed no change. The headquarters considered this option as a new marking and chose No. 6 stating that only the colour of the circle will be changed.

On 12th January 1944 the white circle was ordered to be subdued by light blue DN-colour (25414). The change was carried out at once to new aircraft and to others at a major repair, when all six insignia were painted thus. At the units the toning down took place by using other light grey colours and often the underwing circle remained as it was.

COCKADE 1945 -

In autumn 1944 the allied supervision commission arrived, under the Russian leadership to make observations how the truce was kept and how the Finns fought against the Germans in Lapland. The Soviets were annoyed of the fact that the Finnish aircraft still wore a swastika insignia, also used by their prime enemy the Germans.

The commission did put pressure on the government and on 13 March 1945 a following statement was made:

" The president of the Finnish republic has ordered that the national insignia of Finnish aircraft will be from 1 March 1945 onwards a blue and white roundel similar to the Finnish military cocarde. When this is applied on white or light background, it will surrounded by a black line. At the same time when the old national insignia is deleted, also other swastika related emblems used by the air force will be left off.

In relation to above the following painting instructions of the new markings are given:

1) The insignia are painted on the same locations as the previous swastika markings.

2) The size (largest diameter) is two thirds of the present one.

3) The shape is defined so, that when the diameter of the inner white circle is =r, the larger diameter of the blue ring is =2r and the outer white ring =3r.

4) The colours are the same as in the swastika sign.

The change must be carried out immediately, so that when this order arrives, no flying is done with aircraft wearing the old insignia. Also those aircraft in the storage must have their markings altered by 1 April 1945."

The new regulation was obeyed consciously until 1960, when two large twin engined aircraft types were taken on charge, the Soviet Ilyushin Il-28 for target towing and Douglas C-47 for troop carrying.

In 1962 and 1963 arrived the Soviet Mikoyan MiG-21UTI trainers and MiG-21F-13 fighters, which were both painted in the origin, where the Finnish rules did not apply too much and the markings were painted as they best fitted.

On 29 November 1968 all national markings were renewed. They were divided into seven categories, from which each aircraft type got the wing and fuselage insignia. The marking was either painted or stickered.

The proportions and colours remained the same, the standard diametres were: A = 48 cms, B = 60 cms, C = 72 cms, D = 84 cms, E = 96 cms, F = 108 cms and G = 120 cms. Later Aa = 54 cms was introduced. By type of aircraft the markings were:

Aircraft		Wing	Fuselage
BV	DHC-2 Beaver	D	B
DK	Saab Draken	C	E
DO	Douglas C-47	G	E
FM	Fouga Magister	B	A
HA	Alouette II		A
HB	Jet Ranger		A
HR	Mil Mi-4		B
MG	MiG-21F-13	C	B
MK	MiG-21U	C	B
MU	MiG-15UTI	D	B
NH	Il-28	G	F
SF	Saab Safir	B	B

Later types got the following insignia in order of acquisition:

HS	Mil Mi-8		D
BN	Islander	E	Aa
PA	Piper Arrow	C	A
HH	Hughes 500		A

MG	MiG-21BIS	B	B
FF	Friendship	E	E
VN	Valmet Vinka	A	B
LJ	Learjet	C	B
PC	Chieftain	C	A
RG	Redigo	A	A

On 22 October 1988 came the order, in the manner some other countries, to make the aircraft less conspicuous by decrasing the size of the national insignia of tactical aircraft to 20 cm in diametre. The exception was the Hornets (HN) arriving in November 1995 and wearing a 24 cms wide national marking.

SERIAL NUMBERS

Upon the arrival of the first aircraft in spring 1918, they were given a registration F1, F2, F3, F4, F5 and F6 and then owards only in even numbers at least to F40. This marking served only the records purposes and was never applied on the planes.

Commanded by the chief of the flying troops on 20 June 1918 the first real serial numbers were taken on charge as follows:

"The registration marking must be painted in black colour on both sides of the tail in 20 cm high digits. The registration is one letter and a number exceeding 50."

The tail meant in this connection the rear fuselage and the markings were hand painted. As an example the latter Nieuport 23 was marked D.62/18, where the letter informed the purpose of the aircraft, next number (62) was consecutive and the last two told the year taken on charge. The aircraft categories were:

A	monoplane, unarmed
B	biplane, unarmed
C	biplane, armed
D	biplane, single seat, armed
E	monoplane, armed
M	biplane, fixed gun
S	trainer

About 40 aircraft were marked like this, when on 20 August 1919 a new system was introduced, e.g. one Fokker D.VII fighter was 1C.357, where the first digit told the number of seats. The letter exposed the role of the aircraft and the following number the origin. Two last numbers were the serial, when the former exceeded 5 denoted a landplane, otherwise a seaplane.

Aircraft categories:		Origin:	
A	trainer	1	Russian
B	scout	2	Swedish
C	fighter, biplane	3	German
D	fighter, monoplane	4	French
E	twin engined		

This paractise did not last long being too complicated in use and at the beginning of 1922 a new method was issued. One Breguet 14.A2 had a serial 3A.1, where the first digit informed the purpose of the aircraft, the letter told the acquisition year and the last number was consecutive.

Aircraft categories:			Year of acquisition:
1	trainer	A	1919
2	trainer	B	1920
3	landplane scout	C	1921
4	seaplane scout	D	1922
8	fighter	E	1923
		F	1924
		G	1925
		H	1926

On 9 May 1927 a new serial number system was introduced, being still in use. It was in the form of MS-52, where the letter combination derived from the aicraft's name informed which particular type was in question. The numbers run for each type consecutively. Now any individual aircraft could be defined simply and exclusively.

PAINTING OF THE SERIAL

In the first years the registrations were many and mostly hand painted, but from 1921 onwards serials numbers painted with the same cipher appeared on e.g. Friedrichshafen FF 49 (2C 302.), Rumpler C.VII (2.B.350.) and Breguet 14 (3C.30.) planes. The fuselage code could have up to three commas.

Starting with the 1922 renewal of the markings more standard, often shadowed digits were introduced among others to Spad S.34 (2C.2.), Breguet 14 (3C.21.) and Caudron C.60 (1E.20). The serial was usually black on a light surface and white on a dark one.

The Aviation Force Aircraft Factory introduced in November 1922 a standard character in it's own production. The first plane so marked was the second Hansa (4.D.2).

The imported aircraft wore different serials both in style and size, which in a few years time led to multitude of markings, since new registrations were usually issued in a major repair, the delay easily being a couple of years.

No specific instructions have been found in the archives, which style or size of a serial should be used. From photos, which are abundant and accurate on timing point of view, it can be discovered that in 1925 there was one general way of painting the fuselage codes, e.g. on Caudron C.60 (1F 39.), Breguet 14 (3 A 2.) and Morane-Saulnier 50 (2G 11.), outside the factory digits of course.

The first case of painting the serial number under wings was seen in winter 1926/27 on a Gourdou-Leseurre (8F 19). This practise grew fast to both fighters and trainers using both the whole code or just the numbers.

The May 1927 issue for the new registration system did not clean out the many styles in use, additionally on trainers a high a serial as could fit on the fuselage was taken on charge, often painted in various colours just for observation reasons.

With the introduction of the Gamecock fighters the factory launched a higher type of serial in all new and repaired aircraft. Before the new regulations there were six different ciphers in major use, plus the factory one.

Justifiably on 20 March 1934 a new strict order was issued for permanent markings of the Finnish military aviation SIP IV BA2, concerning both the national insignia and registration mark. The size of the serial was defined as half of the swastika and the letters and numbers were taken from Finnish standard SFS Z.I.1. Additionally only the factory construction numbers were allowed on the aircraft, see page 151.

For better recognition one Smolik (SM-138) elementary trainer was ordered on 26 November 1937 to amend the numbers of the serial to large characters, also under the lower wings. This caused the transfer of the swastika to the rudder.

The experiences were good and from 13 January 1939 on all SM-aircraft were to have the serials applied thus in white paint. Four months later the regulation was extended to Viima, Tuisku and later Stieglitz trainers.

The SIP IV BA2 order was followed literally, only the imported aircraft had a somewhat differing registration. During the Winter War a large amount of aircraft was rushed to the front in the configuration in which they arrived. The serials were usually painted in Sweden, where the majority was assembled using local stencils. The serials were often applied under the wings and sometimes even above the wings.

Lateron all aircraft eventually received the SFS Z.I.1 style of digits until 1954, when a slightly modified stencil was taken on charge with Vihuri advanced trainers. This lasted for five years and gradually the 1930s came back concerning the style of the serial.

On 29 November 1968 all fuselage codes were standardized into four categories and split to each type of aircraft. The height of the serial was 32, 40, 48 or 60 cms. The application took place in black on light surfaces and white on dark ones, both paint and stickers were used.

In 1980 in connection with the locally designed camouflage, the registrations were altered to black, on new planes immediately and on older ones when a painting job was needed. The exception was a batch of Saab 35FS Drakens sticking to the white serials.

The combat planes and jet trainers experienced the reduction of the size of the roundel from 12 September 1988 onwards. Together also the serials were decreased to 10 cms height and transferred from the rear fuselage to the nose below the cockpit.

VÄRILUETTELO - COLOUR LISTING

FS 595	Nimi Name	Käyttö Use	H	X
-0032	Mustanruskea	D.VII, BR, IL		
-0040	Tumman ruskea (suomalainen)	DR, kaikki 1988 ->		
-0059	Tumman ruskea (venäläinen)	MK		
-0097	Tumman ruskea (hollantilainen)	FO, FK, FR		
-0108	Ruskea	MG	98	708 *
-0117	Sienne Naturel	MS	186	
-0118	Dark Earth	BL, GL, GT, HC, LY	142 *	2 *
-0140	Ruskea (ranskalainen)	BR		
-0219	Nocchiola Chiaro	FA	118	102
-0257	Light Earth	GL	118 *	
-1090	Tumman punainen	SH, NH		
-1302	Punainen (suomalainen)	Merkkiväri	60	
-2215	Oranssi	SM, VI, PY	104	
-2473	Oranssi	SZ	18	
-3448	Beige (ranskalainen)	BR, G.3, CA		
-3538	Keltainen (suomalainen)	Merkkiväri	154	19
-3655	Keltainen (ruotsalainen)	SH	69	109
-3697	Lakattu kangas (suomalainen)	IL		
-4050	Schwartzgrün 70	DN, JK	91	204 *
-4064	Very Dark Drab 437	MK, kaikki 1980 - 88		
-4079	Dark Green 641, Dunkelgrün 71	BL, AN, GL, HC, LY, DN, JK, GN	163 *	1 *
-4086	Verde Oliva Scuro, Grüngrau 74	FA, MT, DK	775 *	
-4088	Tumman vihreä (ranskalainen)	BR		
-4092	Tumman vihreä, Grün 73	BR, G.3, HL	149	223 *
-4095	Tumman vihreä (venäläinen)	HK, HR		
-4096	NIVO, oliivin vihreä (suomalainen)	GA, sotakoneet 1934 - 54	116	701 *
-4098	Tumman vihreä	Thulin, D.VII, BR, IL, HS		
-4102	Vihreä (suomalainen)	Kaikki 1988 ->	117	116
-4127	Light Green	GL, MG	150 *	
-4128	Grün 62	DR		
-4151	Light Bronze Green 222	Kaikki 1980 - 88	151	117
-4159	Vaalean vihreä (suomalainen)	BR, CA	118	
-4233	Vaalean sinivihreä (venäläinen)	HK, HR, MK		
-4257	Vaalean vihreä (ranskalainen)	Gourdou		
-5045	Tumman sininen	D.VII, BR, IL	181	121
-5053	Tunnuksen sininen (suomalainen)	Kaikki 1918 - 34		
-5123	Tunnuksen sininen (suomalainen)	Kaikki 1934 ->	48	
-5164	Sininen	FF 49	144	125
-5240	Vaalean sininen	FF 49		
-5414	DN-väri, Hellblau 65	Sotakoneet 1942 - 54	707 *	
-5526	Vaalean sininen	D.VII, BR, IL	65	
-5630	Vaalean siniharmaa	IL		
-6044	Tumman harmaa	SZ		13
-6076	Mörkblå 438	DK		776 *
-6081	Grün 72	HL	32	222 *
-6122	Gris Blue Fonce, Mittelgrau 75	MS, MT	207 *	
-6165	Hellgrau 63	DR		
-6173	Dark Sea Grey 638	IL, GN, HW, RG	164 *	4 *
-6231	Gris Blue Clair	MS	140	131
-6250	Blågrå 058	GL, DK		777 *
-6270	Medium Sea Grey 637	HW, RG, sisäväri 1933 ->	165 *	3 *
-6280	Grigio Azzurro	FA	64	
-6320	Compass Gray	HN	128 *	135 *
-6373	Vaalean harmaa (venäläinen)	MG		
-6375	Ghost Gray	FF 49, HN	127 *	136 *
-6440	Hopean harmaa, Light Aircraft Grey 627	Sotakoneet 1938 - 42, kaikki 1980 ->	166 *	702 *
-6463	Sky Grey	AN, BL		
-6473	Weissblau 76	MT	175 *	208 *
-6492	Vaalean harmaa	BR		147
-6493	Vaalean harmaa	FF 49		
-6628	Vaalean harmaa (suomalainen)	CA		
-7038	Musta	Sotakoneet 1940 - 47	85	404
-7178	Alumiinipronssi	1926 ->	191 *	500 *
-7778	Valkoinen	Merkkiväri	130	405
-7875	Valkoinen	Talvimaalaus		
-7855	Lakattu kangas (ranskalainen)	-> 1926	74 *	21 *
-8913	Loisteoranssi Koulukoneet 1959 ->		209 *	253 *

Mainittu Humbrolin (H) tai Xtracolorin (X) sävy on näytteen mukainen, tähdellä merkityn valmistaja on ilmoittanut tehdyksi spesifikaatin mukaan
Listed Humbrol (H) or Xtracolor (X) hue is according to the colour sample, those marked with an asterisk the manufacturer has informed having been made according to a specification

YKSIKÖT JA LYHENTEET UNITS AND ABBREVIATIONS

Lento-osasto	L.Os.	Flying unit
Ilmailuosasto	Ilm.Os.	Aviation unit
Lentoasema	L.As.	Air Station
Lentopataljoona	L.P.	Flying Batallion
Ilmailupataljoona	Ilm.P.	Aviation Batallion
Ilmailutelakka	Ilm.T.	Aviation Dock
Ilmailuvarikko	Ilm.V.	Aviation Depot
Lentovarikko	Le.V.	Air Depot
Ilmailukoulu	Ilm.K.	Aviation School
Lentokoulu	L.K.	Flying School
Hävittäjäeskaaderi	Häv.E.	Fighter Squadron
Pommituseskaaderi	P.E.	Bomber Squadron
Maalentoeskaaderi	M.L.E.	Land-based Squadron
Merilentoeskaaderi	Me.L.E.	Maritime Squadron
Maatiedustelulaivue	M.T.L.	Land-based recce Squadron
Meritiedustelulaivue	Me.T.L.	Maritime recce Squadron
Maalentolaivue	M.L.L.	Land-based Squadron
Merilentolaivue	Me.L.L.	Maritime Squadron
Erillinen	Er.	Detached
Ilmasotakoulu	ISK, IlmaSK	Air Fighting School
Lentosotakoulu	LeSK	
Lentorykmentti	LentoR, LeR	Flying Regiment
Lentolaivue	LLv, LeLv	Squadron
Hävittäjälentolaivue	HLeLv, HävLLv	Fighter Squadron
Hävittäjälaivue	HävLv	
Pommituslentolaivue	PLeLv	Bomber Squadron
Tiedustelulentolaivue	TLeLv, TiedLLv	Recce Squadron
Kuljetuslaivue	KuljLv	Transport Squadron
Kuljetuslentolaivue	KuljLLv	
Koulutuslentolaivue	KoulLLv	Training Squadron
Täydennyslentolaivue	T-LLv, T-LeLv	Advanced Training Squadron
Lennosto	Lsto	Wing
Hävittäjälentue	HävLtue	Fighter Flight
Kuljetuslentue	KuljLtue	Transport Flight
Tiedustelulentue	TiedLtue	Recce Flight
Yhteyslentue	YhtLtue	Liaison Flight
Koelentue	KoeLtue	Test Flight
Koelentokeskus	KoeLntK	Test Flying Centre

TÄRKEITÄ PÄIVÄMÄÄRIÄ IMPORTANT DATES

Sininen hakaristi syntyy	2.3.18	The blue swastika in born
Ensimmäinen kone saapuu	6.3.18	First plane arrives
Hakarististä kansallisuustunnus	18.3.18	Swastika becomes national insignia
Rekisterimerkit käyttöön	20.6.18	Serial numbers introduced
Rekisterimerkkiuudistus	20.8.19	Serial number renewal
Rekisterimerkkiuudistus	1.1.22	Serial number renewal
Ensimmäinen Hansa valmistuu	15.10.22	First Hansa completed
Nykyinen tunnusnumerointi	9.5.27	Present serial number system
Tuiskun ensilento	10.1.34	First flight of Tuisku
Tunnusten kokonaisuudistus	20.3.34	General renewal of markings
Koulukoneiden rekisterimerkit	13.5.39	Serials of trainers
Koulukoneet suojamaaliin	12.10.39	Trainers camouflaged
Koulukoneiden maalausohje	6.6.40	Painting instructions for trainers
Kansallismerkki enintään 1 m	23.7.40	National insignia max 1 m
Sotamaalaus käyttöön	30.9.40	War paint introduced
Itärintamatunnus	18.6.41	Eastern front markings
Keltaiset nokat hävittäjiin	1.9.41	Yellow noses to fighters
Sotakoneet alta DN-väriin	7.5.42	Warplanes below light blue
Tunnuksen himmennys	12.1.44	Insignia toned down
Keltainen pois nokan päältä	13.6.44	Yellow away from nose top
Itärintamatunnus poistetaan	14.9.44	Eastern front markings deleted
Kokarditunnus käyttöön	1.4.45	Cockade insignia introduced
Sotamaalaus poistetaan	29.9.47	War paint deleted
Kansallis- ja rekisterimerkin uudistus	29.11.68	Cockade and serial renewal
Hawk-maastomaalaus	31.12.77	Hawk-camouflage
MiG-21 maastomaaliin	14.3.78	MiG-21 into camouflage
Kotimaiset IV-värit käyttöön	1.9.88	Domestic IV-colours introduced
Tunnusten ja rekisterin pienennys	22.10.88	Small cockades and serials
Hawkit harmaaksi	12.9.90	Hawks in grey
Hornet saapuu	7.11.95	Hornet arrives